服务三农·农产品深加工技术丛书

神奇的紫色食品

张天柱　主编

中国轻工业出版社

图书在版编目（CIP）数据

神奇的紫色食品/张天柱主编．—北京：中国轻工业出版社，2016.9

（服务三农·农产品深加工技术丛书）

ISBN 978－7－5184－1054－5

Ⅰ.①神…　Ⅱ.①张…　Ⅲ.①蔬菜园艺　Ⅳ.①S63

中国版本图书馆 CIP 数据核字（2016）第 185053 号

责任编辑：钟　雨
策划编辑：伊双双　　责任终审：劳国强　　封面设计：锋尚设计
版式设计：宋振全　　责任校对：燕　杰　　责任监印：张　可

出版发行：中国轻工业出版社（北京东长安街 6 号，邮编：100740）
印　　刷：三河市万龙印装有限公司
经　　销：各地新华书店
版　　次：2016 年 9 月第 1 版第 1 次印刷
开　　本：720×1000　　1/16　　印张：9.25
字　　数：172 千字　　插页：4
书　　号：ISBN 978－7－5184－1054－5　　定价：28.00 元
邮购电话：010－65241695　传真：65128352
发行电话：010－85119835　85119793　传真：85113293
网　　址：http://www.chlip.com.cn
Email：club@chlip.com.cn
如发现图书残缺请直接与我社邮购联系调换
150851K1X101ZBW

本书编委会

主　　编　张天柱

顾　　问　吴卫华

编写人员　郝天民　陈小文　刘鲁江

刘彩霞　郭　芳　郭瑞琦

亓德明　刘二春　王　静

宋建华　陈燕红　郭显亮

尚　辉　谭保林　张兴娟

刘景安

前　言

PREFACE

改革开放以来，随着我国人们生活水平的提高，人们的饮食结构也在发生变化，从改革开放前的以黄色食品（玉米）为主逐步改变为以白色食品（大米、面粉）为主，接着，在人们的食物构成中又增加了大量的红色食品（肉类）和绿色食品（蔬菜、水果）。近年来，全民的养生、保健意识逐年加强，其中食品的养生保健作用已经引起人们的高度重视，于是，紫色（黑色）食品开始逐渐进入人们的视野，成为餐桌上一道亮丽的风景线。然而，对于紫色（黑色）食品的保健功能还鲜为人知，绝大多数人还没有充分认识到紫色（黑色）食品对人体的保健功能，因此没有引起重视。

所谓“紫色（黑色）食品”，是指表皮或内里为紫色或黑紫色的蔬菜、水果、薯类及豆类等食品，如紫卷心菜、紫椒、紫甘薯、紫花生、黑芝麻、紫皮葡萄、蓝莓、黑加仑和桑葚等。

据国内外学者研究，植物类紫色（黑色）蔬菜的色素均由“花青素”类物质构成，花青素是一种天然色素。大量科学研究证实，花青素是迄今为止人们所发现的最出色的天然抗氧剂，其抗氧化能力甚至优于公认的维生素C与维生素E。根据营养学统计分析，紫色（黑色）蔬菜的营养价值明显高于其他色泽较浅的蔬菜。

最新研究成果表明，“自由基”是人体代谢过程中由于机体内外因素所产生的一种副产品。科学家认为，自由基对DNA或组织器官造成伤害，导致人体器官的过度氧化，从而衰老、凋亡，这便是著名的“自由基”理论。花色素可以有效地清除自由基，起到延缓衰老的作用，而紫色（黑色）食品中花青素的含量大大超过其他颜色食品，从而达到降低胆固醇、抗肿瘤的目的。

由此可知，紫色（黑色）果蔬中含有的花青素，具有较强的抗血管硬化的作用，从而可阻止心脏病发作和血凝块形成引起的脑中风。

为了使人们更好地了解紫色（黑色）食品对人体的保健功能，并进一步掌握紫色（黑色）蔬菜的食用方法，我们编写了这本《神奇的紫色食品》，供对养生、食疗和家庭种植有兴趣的广大市民以及植物学、营养学专业相关人士参考。特别说明，本书食疗作用部分所涉及的内容并非直接引用原文，而是编者对古代经典医书的理解。

由于编者水平有限，错误和不妥之处在所难免，敬请广大读者指正。

编者

2016 年 07

目 录

CONTENTS

第一章　绪论

一、紫色食品的概念

所谓“紫色食品”，是指表皮或内里为紫色或黑紫色的食品，如紫卷心菜、紫茄子、紫甘薯等。

二、紫色食品的功效

中医理论中有五色入五脏的说法，就是不同颜色的食物，对脏腑有着不同的养生保健功效，不同颜色的食物属性各不相同，紫色食品的营养价值在各色食品中排名前列。

1. 消除自由基，延缓衰老

新近研究成果表明，“自由基”是人体代谢过程中由于机体内外的因素所产生一种副产物。科学家认为，自由基对细胞 DNA 或组织器官造成的伤害导致人体器官的过度氧化，从而加速衰老、凋亡，这便是著名的“自由基”理论。大量科学研究证实，花青素是迄今为止人们所发现的最出色的天然抗氧剂，可以有效地清除自由基，起到延缓衰老的作用，而紫色食品中花青素的含量大大超过其他颜色食品（花青素含量由多到少排列顺序为：黑色、紫色、绿色、红色、黄色、白色）的含量，从而达到降低胆固醇、抗肿瘤的目的。

2. 防癌抗癌

紫色食品中含有较高的人体必需的微量元素硒。硒与人体健康密切相关，它不仅具有较强的抗氧化作用，最为突出的就是能有效提高人体的免疫力，而且硒在防癌抗癌方面也有很好的功效。

3. 降血压、降血脂

紫色食品中含有的某些类型的花青素有改善血液循环、抗高压的作用，并且紫色食品中的脂肪酸具有分解脂肪、降低血脂、防止血管硬化的作用。

4. 明目养神

实践证明，经常食用紫色食品，能有效预防夜盲症，同时有助于预防“黄斑变性”“白内障”等眼部疾病，堪称是纯天然“护目食品”。

5. 强脑降脑压

紫色食品还有一个明显的特点，就是含有人体需要的钙、铁、锌、硒、磷、钾、碘多种大量元素和微量元素，经常食用紫色食品可以降低脑压，使注意力集中，增强创作力，因此，紫色食品被专家们称为纯天然保健食品。

此外，紫色食品中所含的“花色素”还有另一项重要功能——抑制基因突变。

三、天然色素——花青素

1. 花青素简介

花青素又称花色素，是自然界一类广泛存在于植物中的水溶性天然色素，属类黄酮化合物，水果、蔬菜、花卉等五彩缤纷的颜色，大部分与之有关。花青素化学结构如图1－1所示。

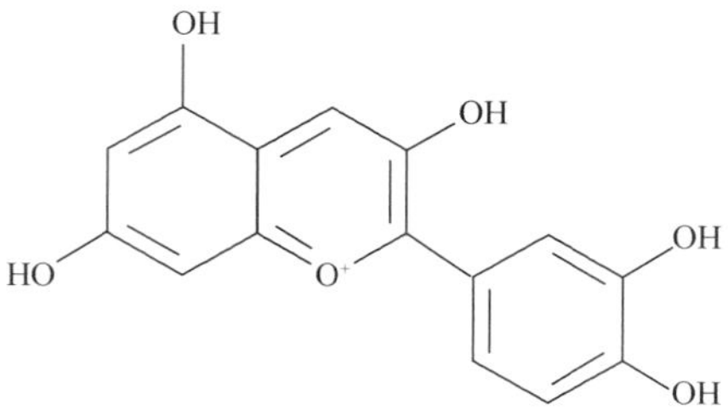

OH OH HO O+ OH OH

图1－1 花青素的化学结构

自然界有超过300种不同的花青素。它们来源于不同种类的水果和蔬菜，如紫甘薯、紫甘蓝、紫色胡萝卜、黑枸杞、蓝莓、紫葡萄和黑加仑等。

花青素在所有深红色、紫色或蓝色的食品中含量最为丰富，如紫甜菜根、紫茄、紫甘薯、紫土豆、紫甘蓝和紫苏等。

2. 花青素的保健功能

（1）纯天然营养补充剂 近代研究证明，花青素是目前人类发现最有效的抗氧化剂，它的抗氧化性能比维生素E高50倍，比维生素C高20倍。它对人体的生物有效性是100%，服用后20min就能在血液中检测到。如果解决了自由基的侵害问题，那么人体细胞就可以真正自由成长，人类平均寿命将会达到125岁。花青素的发现，为人类找到了抗氧化、抗衰老的最简单有效的办法。

花青素的发现和应用使人类从20世纪的抗生素、维生素时代，进入21世纪的花青素时代。

随着科技的发展，人们对食品添加剂的安全性越来越重视，合成色素的使用种类和数量已经大幅度下降，因此，开发和应用天然色素已成为世界食用色素发展的总趋势。

（2）抗氧化，清除体内有害的自由基 从根本上讲，花青素是一种强有力的抗氧化剂，它能够保护人体免受一种叫做自由基的有害物质的损伤。现代医学研究证明，自由基是一些疾病如癌症、心血管疾病和神经性疾病的重要病因，故花青素的抗氧化活性有助于预防多种与自由基有关的疾病，包括癌症、心脏病、过早衰老和关节炎。花青素抗氧化性强，其抗氧化能力是维生素 C 的 20 倍，维生素 E 的 50 倍，能在自由基侵害细胞之前，将自由基中和。

3. 花青素的分布

花青素是一类广泛存在于植物中的水溶性色素，属于类黄酮化合物。在植物中常见的有 6 种，即天竺葵色素（Pg）、矢车菊色素（Cy）、飞燕草色素（Dp）、芍药色素（Pn）、牵牛花色素（Pt）和锦葵色素（Mv）。已知天然存在的花色苷有 250 多种，存在于 27 个科、73 个属的植物中。

四、“自由基”理论

随着人民物质生活水平和对生活质量要求的不断提高，人们对保健知识的需求也与日俱增，最近在有关保健知识的传播中，一个新的名词——自由基出现的频率越来越高。

自由基，又称游离基，是机体氧化反应中产生的有害化合物，具有强氧化性，可损害人体的组织和细胞，进而引起慢性疾病及衰老效应（图 1－2）。

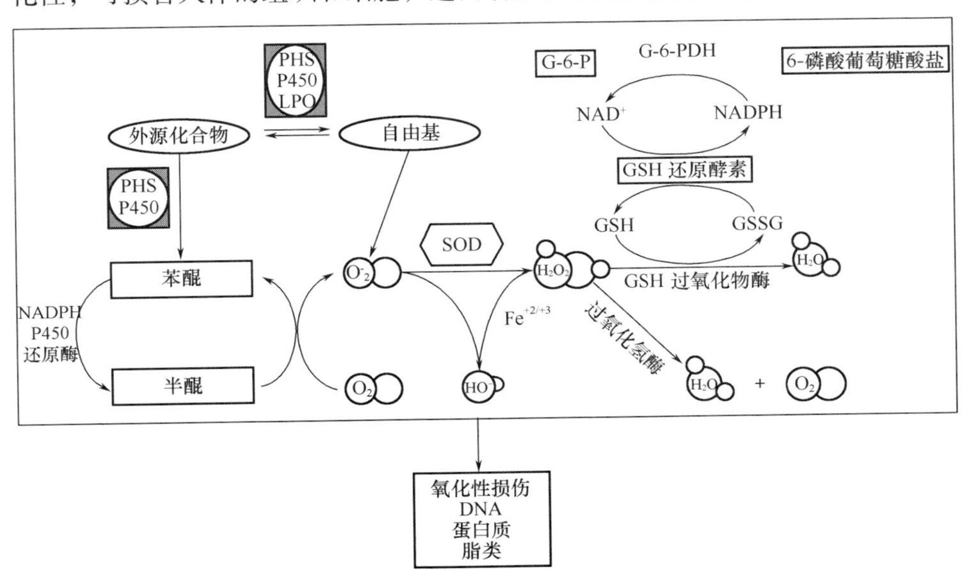

图 1－2 超氧化物歧化酶（SOD）的清除自由基作用

第二章　紫色蔬菜

第一节　紫叶生菜

一、简介

紫叶生菜（*Lactuca sativa*），又称春菜、鹅仔菜、莴苣、莴仔菜，是菊科莴苣属一年生或二年生蔬菜。它是一种很常见的食用蔬菜，也是欧、美国家的大众蔬菜，深受人们喜爱。生菜原产欧洲地中海沿岸，由野生种驯化而来。在西方，人们往往放在汉堡包等食品中生食。生菜传入我国的历史较悠久，东南沿海，特别是大城市近郊、两广地区栽培较多，近年来，栽培面积迅速扩大，生菜也由宾馆、饭店进入寻常百姓的餐桌。

二、营养分析

紫叶生菜营养丰富，含蛋白质、脂肪、碳水化合物、粗纤维以及硫元素、氯元素和硅元素。据测定，每100g可食部分含热量13kcal，膳食纤维0.7g，蛋白质1.3g，脂肪0.3g，碳水化合物1.3g，钙34mg，铁1.3mg，磷27mg，钾250mg，钠147mg，铜0.08mg，镁29mg，锌0.27mg，硒1.15μg，维生素A 133μg，维生素B_1 0.03mg，维生素B_2 0.06mg，维生素B_6 0.05mg，维生素E 1.02mg，维生素C 4mg，维生素K 9μg，胡萝卜素0.8mg。

三、药用功效

紫叶生菜的茎叶中含有莴苣素，故味微苦，具有镇痛催眠、降低胆固醇、辅助治疗神经衰弱等功效；且具有清热安神、清肝利胆、养胃的功效。适宜胃病、维生素C缺乏者，肥胖、减肥者，适宜高胆固醇、神经衰弱者及肝胆病患者食用；有消除多余脂肪的作用。紫叶生菜中膳食纤维和维生素C较白菜含量高，生食、常食可有利于女性保持苗条的身材。

过去已知原儿茶酸对舌癌、胃癌、肝癌、大肠癌、膀胱癌等有一定的抑制作用，科学家最新的研究发现，球形生菜中含有的原儿茶酸对胰腺癌有明显的抑制作用。

四、食疗作用

（1）紫叶生菜中膳食纤维和维生素 C 较白菜含量高，有消除多余脂肪的作用，故又叫减肥菜。

（2）因其茎叶中含有莴苣素，故味微苦，具有镇痛催眠、降低胆固醇、辅助治疗神经衰弱等功效。

（3）有促进血液循环的作用。

（4）改善胃肠血液循环，促进脂肪和蛋白质的消化吸收，还能保护肝脏，促进胆汁形成，防止胆汁淤积，有效预防胆石症和胆囊炎的功效。另外，生菜可清除血液中的垃圾，具有血液排毒和利尿作用，还能清除肠内毒素，防止便秘。

五、栽培技术

1. 品种选择

目前我国紫叶生菜品种较多，如从国外引进的红帆、罗莎，国产品种红生 1 号、红生 2 号、红皱等。

2. 培育壮苗

一般 4—9 月份在露地育苗，10 月至翌年 3 月需在保护地种植。每 667m^2 用种 30g 左右，需苗床 12～15m^2，最好用苗盘加营养土育苗，配方为草木灰 50% + 腐熟有机肥 20% 加过筛细土 30%，搀匀后每立方米再加复合肥 0.5kg 混匀后装盘，浇透水后播种，子叶长足出现一片真叶即可分苗，分到营养钵中有利育壮苗，也可分到畦内，但要施用腐熟细碎有机肥，间距 5cm × 6cm，根据不同的季节采取相应的管理措施，4～5 片叶即可定植，提前起坨移苗，蹲苗 3～4d，并喷生物农药预防病虫害。

3. 定植

每 667m^2 施腐熟有机肥 2000～3000kg，做成 1.3m 宽 5～10m 长的平畦，要整平整细，密度大小依品种而定。土壤黏重排水不足地块做成瓦垄高畦，栽后及时浇水。

4. 田间管理

（1）浇水　根据季节、土质和天气情况科学浇水，切忌过分干旱和大水漫灌。

（2）追肥　缓苗后追施 1 次膨化鸡粪，每 667$m^2$100kg 或复合肥 20kg，要穴施在根系附近，叶面喷施黄腐酸类叶面肥 2 ~ 3 次，有利于增产和提高品质。不可随水冲施粪稀和鸡粪，以防污染。

（3）中耕　前期中耕除草 1 次，增加透气性，促进根系发育。

5. 主要病虫害及其防治

霜霉病，用禾果利 2000 ~ 3000 倍液喷雾防治；蚜虫，用氯氰菊酯 1500 倍液喷雾防治。

第二节　紫色苋菜

一、简介

苋菜（*Amaranthus mangostanus*），又称青香苋、红苋菜、红菜、云仙菜等，为苋科苋属一年生草本植物。苋菜原产我国，甲骨文中已有“苋”字。中国自古栽培苋菜，在中国汉初的《尔雅》中称“蒉，赤苋”。现世界各地都有苋属植物的分布，中国有苋属的 13 个种，分布于全国各地。苋菜生于田间路旁、村舍附近、杂草地上，现已进行人工栽培。

苋菜分为绿苋菜、红苋菜和彩色苋菜。

二、营养分析

每 100g 鲜菜含热量 25kcal，膳食纤维 0.8g，蛋白质 3g，脂肪 0.3g，碳水化合物 3g，钙 180mg，铁 5mg，磷 59mg，钾 207mg，钠 32mg，镁 119mg，锰 1mg，锌 1mg，硒 1μg，维生素 A 52μg，维生素 B_1 0.04mg，维生素 B_2 0.16mg，维生素 B_5 1mg，维生素 C 7mg，胡萝卜素 1.95mg。

三、药用功效

（一）叶

性味：性凉，味微甘。

归经：入肺、大肠经。

功效：清热利湿，凉血止血，止痢。

主治：赤白痢疾，二便不通，目赤咽痛，鼻衄等病症，全株可入药。

（二）子

清肝明目。用于角膜云翳，目赤肿痛。

（三）根

性味：味甘，性策寒。

功效：能清热解毒，利尿除湿，通利大便。

主治：凉血解毒，止痢。用于细菌性痢疾，肠炎，红崩白带，痔疮。

用途：用于痢疾便血或湿热腹胀；热淋，小便短赤；虚人、老人便秘等症。

《本草图经》：紫苋，主气痢；赤苋，主血痢。

《本草纲目》：六苋，并利大小肠。治初痢，滑胎。

《滇南本草》：治大小便不通，化虫，去寒热，能通血脉，逐瘀血。

《随息居饮食谱》：苋通九窍。其实主青育明目，而苋字从见。

四、食疗作用

苋菜富含易被人体吸收的钙质，对牙齿和骨骼的生长可起到促进作用，并能维持人体正常的心肌活动，防止肌肉痉挛（抽筋）。它含有丰富的铁、钙和维生素 K，具有促进凝血，增加血红蛋白含量并提高携氧能力，促进造血等功能。苋菜还是减肥餐桌上的主角，常食可以减肥轻身，促进排毒，防止便秘。

（1）清热解毒，明目利咽　苋菜性味甘凉，长于清利湿热，清肝解毒，凉血散瘀，对于湿热所致的赤白痢疾及肝火上炎所致的目赤目痛、咽喉红肿不利等，均有一定的辅助治疗作用。

（2）营养丰富，增强体质　苋菜中富含蛋白质、脂肪、糖类及多种维生素和矿物质，其所含的蛋白质比牛乳更能充分被人体吸收，所含胡萝卜素比茄果类高 2 倍以上，可为人体提供丰富的营养物质，有利于强身健体，提高机体的免疫力，有“长寿菜”之称。

（3）促进儿童生长发育　苋菜中铁的含量是菠菜的两倍，钙的含量则是菠菜的 3 倍，为鲜蔬菜中的佼佼者。

（4）增加血红蛋白、促进造血功能　苋菜叶富含易被人体吸收的钙质，对牙齿和骨骼的生长可起到促进作用，并能维持正常的心肌活动，防止肌肉痉挛。同时含有丰富的铁、钙和维生素 K，可以促进凝血，增加血红蛋白含量并提高携氧能力，促进造血等功能。

（5）减肥　常食可以减肥轻身，促进排毒，防止便秘，增强体质。

五、栽培技术

1. 品种选择

（1）重庆大红袍　重庆农家品种，叶卵圆形叶面微皱，蜡红色，叶背紫红色，叶柄淡紫红色。早熟，耐旱力强。

（2）广州红苋　广州农家品种，叶卵圆形，先端锐尖，叶面微皱，叶片、叶柄红色，晚熟耐热力较强。

（3）昆明红苋菜　昆明农家品种，茎直立紫红色，分枝多，叶卵圆形，叶面微皱，紫红色。

（4）上海尖叶红米苋　上海农家品种，叶长卵形，先端锐尖，叶面微皱，叶边缘绿色，叶脉附近紫红色，叶柄红色带绿，较早熟，耐热性中等。

2. 栽培季节与方式

苋菜为喜温耐热蔬菜，从春季到秋季的无霜期内均可栽培，春播抽薹开花较迟，品质柔嫩；夏秋播较易抽薹开花，品质粗老。华北及西北地区露地4月下旬至9月上旬播种，5月下旬至10月上旬采收，生长期30~60d。

苋菜为叶用菜，生长快，因此可在塑料大棚或节能日光温室春、秋、冬栽培；塑料小棚春、夏、秋栽培。苋菜生长期短，植株较矮，适于密植，可在主作物茄果类、瓜类、豆类蔬菜中间间作或边沿种植，充分利用土地，提早供应。

3. 田间管理

（1）整地作畦　栽培苋菜要选择地势平坦、排灌方便、杂草较少的地块。采收幼苗、嫩茎和叶的一般进行撒播，播种前耕深15cm，每667m^2施入腐熟的有机肥1500~2000kg。整地作畦的质量要求较高，畦面土壤必须细碎平整，否则影响出苗率和出苗整齐度。

（2）播种　播种前要浇足底水，水渗下后，撒底土，再播种。早春播种，气温低，出苗差，播种量宜大，每667m^2 3~5kg。晚春或晚秋播种，每667m^2播种量2kg。夏季及早秋播种，气温较高，出苗快且好，每667m^2播种量1~2kg。以采收嫩茎为主的，要进行育苗移栽，株行距30cm。

（3）田间管理　春播苋菜，由于气温较低，播种后7~12d出苗，夏秋播种的苋菜，只需3~5d出苗。当幼苗2~3片真叶时，进行第一次追肥，12d后进行第二次追肥；当第一次采收苋菜后，进行第三次追肥；以后每采收一次，应追一次粪，每次每667m^2施尿素5~10kg。春季和秋冬气温低时，可追施稀薄的粪稀，春季栽培的苋菜，浇水不宜过大，夏秋季栽培时要注意适当灌水，以利生长。加强肥水管理是苋菜高产优质的主要措施，水肥跟不上，幼苗生长缓慢，容易抽薹开花，产量低，品质差。苋菜田间杂草较多，每次采收后，需要及时将田间杂草拔除。

4. 采收

苋菜是一次播种，多次采收的叶菜。春播苋菜在播种40~45d、株高10~12cm、具有5~6片真叶时开始采收。第一次采收结合间苗，拔出过密，生长较大的苗；第二次采收用镰刀进行割收，保留基部5cm左右。待侧枝长到

12～15cm 左右时，进行第三次采收。春播苋菜 667m^2 产量为 1200～1500kg。夏、秋播种的苋菜，一般在播后 30d 开始采收，生产上只采收 1～2 次，667m^2 产量在 1000kg 左右。

5. 主要病虫害及其防治

紫色苋菜基本没有病虫害发生。

第三节　紫茎芹菜

一、简介

芹菜（*Apium graveolens*），有水芹、旱芹两种，功能相近，药用以旱芹为佳，为伞形科植物。芹菜原产地中海地区和中东，现代芹菜品种是从原产地中海沼泽地区的野生种驯化而来。芹菜经培育形成大而多汁的肉质直立叶柄，可食用部分为其叶柄。

二、营养分析

芹菜是高纤维蔬菜。据测定，每 100g 芹菜鲜品含能量 12kcal，膳食纤维 2.6g，蛋白质 0.6g，脂肪 0.1g，碳水化合物 4.8g，钙 36mg，铁 0.2mg，磷 35mg，钾 15mg，钠 313.3mg，铜 0.02mg，镁 15mg，锌 0.1mg，硒 0.1μg，锰 0.06mg，维生素 A 5μg，维生素 B_1 0.01mg，维生素 B_2 0.03mg，维生素 B_6 0.05mg，维生素 C 4mg，胡萝卜素 29μg。

三、药用功效

性味：甘，平，无毒。

归经：入肝，胆，心包经。

功效：清热除烦，平肝，利水消肿，凉血止血。

主治：止血养精，保血脉，益气，令人肥健嗜食。

《本草纲目》：旱芹，其性滑利。

《食鉴本草》：和醋食损齿，赤色者害人。

《本草推陈》：治肝阳头痛，面红目赤，头重脚轻，步行飘摇等症。

《卫生通讯》：清胃涤热，通利血脉，利口齿润喉，明目通鼻，醒脑健胃，润肺止咳。

现代医学研究表明，芹菜含酸性的降压成分，是高纤维食物，它经肠内消化作用产生一种木质素，这类物质是一种抗氧化剂，可抑制癌症的发生。

芹菜性凉，清热除烦，平肝，利水消肿，凉血止血，主治高血压、头痛、头晕、暴热烦渴、黄疸、水肿、小便热涩不利、妇女月经不调、赤白带下、瘰疬、痄腮等病症。国外科学家发现，由于芹菜中富含水分和纤维，并含有一种能使脂肪加速分解、消失的化学物质，因此是减肥佳品。

此外，经有关研究实验发现，芹菜叶对癌症还具有一定的抑制作用，抑制率可以达到73%。

四、食疗作用

（1）平肝降压　芹菜含酸性的降血压成分，它能对抗烟碱、山梗茶碱引起的升血压反应，并可引起降血压。临床对于原发性、妊娠性及更年期高血压均有效。

（2）镇静安神　从芹菜籽中分离出的一种碱性成分，对人体能起安定作用，有利于安定情绪，消除烦躁。

（3）利尿消肿　芹菜含有利尿有效成分，消除体内水钠潴留，利尿消肿。

（4）防癌抗癌　芹菜是高纤维食物，它经肠内消化作用产生一种木质素或肠内脂类物质，这类物质是一种抗氧化剂，高浓度时可抑制肠内细菌产生致癌物质。它还可以加快粪便在肠内的运转时间；减少致癌物与结肠黏膜的接触达到预防结肠癌的目的。

（5）养血补虚　芹菜铁含量较高，能补充妇女经血的损失，食之能避免皮肤苍白、干燥、面色无华，而且可使目光有神，头发黑亮。

（6）清热解毒　春季气候干燥，人们往往感到口干舌燥、气喘心烦，身体不适，常吃些芹菜有助于清热解毒，去病强身。

（7）预防皮肤病　芹菜中含有对防治白癜风有利的铜元素。

五、栽培技术

1. 品种选择

目前紫茎芹菜只有从国外引进的一个品种。

2. 培育壮苗

采取无土育苗的方式，选用128～288孔穴盘育苗，育苗基质为草炭:蛭石=2:1，每立方米基质加入膨化鸡粪25kg，每穴播种一粒种子。当苗高3～4cm时定植。

3. 定植

（1）整地、施肥　定植前一周每667m^2施入腐熟圈肥3000kg，过磷酸钙50kg，碳酸氢铵25kg，硫酸锌4kg，均匀撒施于地表，耕深20cm。结合整地做成1.5m宽的畦，深浇。

（2）定植 定植时，将每一畦面开7道小沟，沟深10cm，沟宽5cm，沟距18～20cm，株距8cm，667m^2栽苗45000株左右。

4. 田间管理

（1）温、湿度管理 芹菜植株的最适生长温度为15～20℃，10月份之前，要通过浇水和调节放风量的大小来控制温度，这一阶段最高温度不超过22℃；进入11月份之后，要通过加强覆盖保温、降低通风量来保证温度。这一阶段最低温度不能低于10℃。

（2）肥水管理 定植后要看苗浇水，心叶长出之前，要保持地表见干见湿，缺水时要浅浇，促进缓苗。心叶长出之后，控制浇水，期间中耕，降低水分蒸发，促进根系生长。当心叶开始直立生长时，加强水分供应，经常保持地表湿润，并随水追施一次尿素，每667m^2施15kg。进入心叶肥大期后，要加强钾肥的供应，667m^2施生物钾肥10kg，同时混施硫酸铵30kg。

5. 采收

温室越冬芹菜的收获包括两种方法，一种是擗收，每次每株采收2～3片达到商品性的大叶柄；另一种是割收，当市场销售价格较高时，看准时机一次性收割上市。

6. 主要病虫害防治

越冬栽培的紫芹菜的主要害虫是蚜虫，具体防治方法按常规方法进行。主要病害有芹菜叶斑病和芹菜斑枯病。其防治方法为用48℃温水浸种30min；合理密植，科学灌溉，防止田间湿度过高；发病初期喷洒50%甲基硫菌灵可湿性粉剂500倍液或喷洒75%百菌清可湿性粉剂600倍液，隔7～10d 1次，连续2～3次。

第四节 紫油菜

一、简介

油菜（*Brassica campestris*），又称青江菜、上海青、胡菜、苦菜、苔芥、青菜、瓢儿菜、勺菜，为十字花科芸薹属一年生草本，原产我国，南北广为栽培，四季均有供产。植物油菜的嫩茎叶，颜色深紫，帮如白菜，属十字花科白菜变种。

二、营养分析

油菜中含有丰富的铁和维生素C，胡萝卜素含量也很丰富。每100g可食部分含蛋白质2.6g，脂肪0.4g，碳水化合物2.0g，钙140mg，在绿叶蔬菜中是含量最高的，磷30mg，铁1.4mg，维生素A 3.15mg，维生素B_1 0.08mg，维生素B_2 0.11mg，维生素C 1mg，胡萝卜素3.15mg。

三、药用功效

性味：味甘，性平，无毒。

归经：入肝、肺、脾经。

功效：润滑胃部，通郁结之气，利大小便。

主治：可滑胃，通结气，利大小便。

《本草纲目》：性味辛，温，无毒。主治：行滞血，破冷气，消肿散结，治产难、产后心腹诸疾，赤丹热肿，金疮血痔。

油菜茎、叶可以消肿解毒，治痈肿丹毒、血痢、劳伤吐血。油菜为低脂肪蔬菜，可用来降血脂；油菜中所含的植物激素有防癌功能。种子可行滞活血，治产后心、腹诸疾及恶露不下、蛔虫肠梗阻。

油菜还有促进血液循环、散血消肿的作用。孕妇产后淤血腹痛、丹毒、肿痛脓疮可通过食用油菜来辅助治疗。

四、食疗作用

（1）降低血脂　油菜为低脂肪蔬菜，且含有膳食纤维，能与胆酸盐和食物中的胆固醇及甘油三酯结合，并从粪便中排出，从而减少脂类的吸收，故可用来降血脂。

（2）解毒消肿　油菜中所含的植物激素，能够增加酶的形成，对进入人体内的致癌物质有吸附排斥作用，故有防癌功能。

（3）宽肠通便　油菜中含有大量的植物纤维素，能促进肠道蠕动，增加粪便的体积，缩短粪便在肠腔停留的时间，从而治疗多种便秘，预防肠道肿瘤。

（4）强身健体　油菜含有大量胡萝卜素和维生素C，有助于增强机体免疫力。油菜钙含量在绿叶蔬菜中为最高，一个成年人一天吃500g油菜，其所含钙、铁、维生素A和维生素C即可满足生理需求。

五、栽培技术

1. 播种

可用直播栽培和育苗移植两种方法。

（1）直播　夏季气温高，小白菜生长快，同时夏季种植密度大，一般采用直播方法。每 667m^2 用种量为 250g 左右。播种要疏密适当，使苗生长均匀，可采用撒播或开沟条播、点播。

（2）育苗移植　育苗时由于苗地面积小，便于精细管理，有利于培育壮苗，再移植到大田种植。育苗移植可节省种子，每 667m^2 用种量只需 100g，且单株产量高，质量好，一般苗期为 25d。

2. 定植

株行距采用 16cm×16cm 至 22cm×22cm。气温较高可适当密植，气候较凉可采用较宽的株行距。

3. 肥水管理

（1）水分管理　紫油菜根系分布浅，耗水量多，因此不耐旱，整个生长期要求有充足的水分。在幼苗期或刚定植后，保持土壤见湿见干，以保证植株正常生长。在雨季则要注意排水，切忌畦面积水，以防病害发生。

（2）施肥　紫油菜生长期短，在种植前必须施足基肥，每 667m^2 施腐熟农家肥 1000～1500kg。追肥一般在定植后 3d 或直播地苗龄 15d 后开始施用，一般每 6～7 d 追一次，全期追肥 3～4 次。第 1、2 次可用较稀薄的肥水，以后每 667m^2 用 30～40kg 复合肥淋施或撒施，最后一次要在植株封行前进行。

4. 采收

紫油菜从播种至采收为 45～60d。采收时间可根据成熟度和市场需求而定，适时采收可提高产量和品质。

5. 主要病虫害及其防治

紫油菜基本无病虫害。

第五节　紫色乌塌菜

一、简介

紫乌塌菜（*Brassica campestris*），又称塌菜、塌棵菜、塌地松、黑菜等，为十字花科芸薹属芸薹种白菜亚种的一个变种，二年生草本植物、以紫色叶片供食，原产中国，主要分布在长江流域。紫乌塌菜的叶片肥嫩，可炒食、做汤、凉拌，色美味鲜，营养丰富。

二、营养分析

乌塌菜被称为“维生素”菜而受到国外的重视。每 100g 乌塌菜的可食部分含纤维素 2.63g，蛋白质 1.56～3g，脂肪 0.4g，钙 154～241mg，铁 1.25～

3.30mg，磷 46.3mg，钾 382.6mg，钠 42.6mg，铜 0.111mg，锰 0.319mg，硒 2.39mg，锌 0.306mg，锶 1.03mg，维生素 B_1 0.02mg，维生素 B_2 0.14mg，维生素 C 43～75mg，胡萝卜素 1.52～3.5mg。

三、药用功效

性味：甘、平、无毒。

功效：滑肠、疏肝、利五脏。

中医认为，常吃乌塌菜可以防止便秘，增强人体防病抗病能力，泽肤健美。

四、食疗作用

（1）防治便秘　乌塌菜被视为白菜中的珍品，因其中含有大量的膳食纤维、钙、铁、维生素 C、维生素 B_1、维生素 B_2、胡萝卜素等，也被称为“维生素”菜。其中的膳食纤维，对防治便秘有很好的作用。

（2）防癌　食用乌塌菜有助于防癌，降低胆固醇，防止坏血病。

（3）解毒　乌塌菜有解毒作用，能帮助改善人体心肌功能，降低毛细血管脆性，增强抵抗力。

五、栽培技术

1. 栽培季节

华北地区露地栽培，8 月份播种育苗，苗龄 30d 左右，9 月份移栽，11—12 月收获；保护地越冬栽培，9 月下旬播种育苗，11 月上旬移栽，春节前后至早春采收上市。

长江流域一般于 9 月份播种育苗，10 月份移栽，11 月至第 2 年 2 月可随时收获；利用塑料大棚栽培的，于 10 月上旬播种育苗，11 月定植，至元旦春节上市。

2. 育苗定植

乌塌菜可直播，也可育苗移栽，目前生产中多采取穴盘无土育苗技术，幼苗 5～6 片真叶时移栽。移栽前先行整地施肥，做成平畦或高畦，定植密度为行株距 30cm×25cm，定植时浇透定植水。直播的，每 667m^2 用种 500g 左右，2 片真叶时第 1 次间苗，3～4 叶时第 2 次间苗，6 叶时定苗，留苗密度同上。

3. 肥水管理

移栽后或直播田定苗后追肥浇水，以后再追肥浇水 2～3 次。

4. 采收

80d 左右采收，最好霜后采收，一般每 667m^2 产 2000～3000kg。

5. 主要病虫害及其防治

紫乌塌菜病害有霜霉病、软腐病，虫害为蚜虫，按常规方法防治。

第六节　紫背天葵

一、简介

紫背天葵（*Begonia fimbristipula*），学名紫背菜，又称观音苋、红玉菜、红风菜、两色三七草，为菊科三七草属多年生草本植物。因嫩茎叶富含钙、铁等，营养价值较高，又有止血、抗病毒等药用价值，故有较长的作为蔬菜栽培的历史。分布于中国浙江、江西、湖南、福建、广西、广东、海南和香港，近年来北方引入栽培。

二、营养分析

紫背天葵是一种很好的集营养保健价值与特殊风味为一体的高档蔬菜。每 100g 鲜叶片中含粗纤维 0.94g，粗蛋白 2.11g，粗脂肪 0.18mg，钙 89.66mg，铁 1.61mg，磷 18.73mg，钾 136.41mg，维生素 B_1 0.01mg，维生素 B_2 0.13mg，维生素 C 0.78mg。鲜嫩茎叶和嫩梢的维生素 C 含量较高，还含有黄酮苷等。

三、药用功效

全草入药，有解毒、止咳、活血、消肿之效。

中国医学认为紫背天葵味甘，微酸，性凉，具清热解毒、润肺止咳、散瘀消肿、生津止渴之功效，治外感高热、中暑发烧，肺热咳嗽，伤风声嘶，痈肿疮毒，跌打肿痛等症。

紫背天葵矿质营养较为丰富，钙、锰、铁、锌、铜等含量较高，特别是紫背天葵含有黄酮苷成分，在紫色的菊科植物的叶子生长早期，其含量达到高峰，以后逐渐递减。据文献记述，黄酮类对恶性生长细胞有中度抗性，有延长抗坏血酸作用和抗寄生虫、抗病毒作用。

另据《全国中草药汇编》记述，紫背菜有治咳血、血崩、支气管炎、盆腔炎、中暑、阿米巴痢疾和外用创伤止血等功效。

紫背天葵属于药膳同用植物，既可入药又是一种很好的营养保健品。富含造血功能的铁、维生素 A 原、黄酮类化合物及酶化剂锰元素，具有活血止血、解毒消肿等功效，对儿童和老人具有较好的保健功能。特别需要指出的是，紫背天葵中富含黄酮苷成分，可以延长维生素 C 的作用，减少血管紫癜。紫背天葵可提高抗寄生虫和抗病毒的能力，对肿瘤有一定防效。还具有治疗咳血、血崩、痛经、支气管炎、盆腔炎及缺铁性贫血等病症的功效，在中国南方一些地区更是把紫背天葵作为一种补血的良药，是产后妇女食用的主要蔬菜之一。

四、食疗作用

（1）抵抗衰老　紫背天葵具有清除自由基和抵抗衰老的作用。

（2）消暑散热、清心润肺　紫背天葵具有消暑散热、清心润肺的功效紫背天葵泡水后呈淡紫红色，味微酸带甘甜。

（3）提高人体免疫力　大量的研究资料表明，锌、锰、维生素 E、黄酮类物质等成分具有增强机体免疫力的作用；铁、铜等对治疗一些血液病（如营养型贫血）有很好的疗效。常吃紫背天葵可减少血管紫癜，有提高抗寄生虫、治咳血、血崩、痛经、支气管炎和外用创伤、止血等功效。

五、栽培技术

1. 培育壮苗

（1）无性繁殖　北方于初霜前，在田间选健壮无病植株，连根挖出，密栽于保护地内并浇水，温度保持 5℃以上，注意防治蚜虫和白粉虱。4 月上中旬在保护地内从越冬母株上剪下枝条，枝条每段长 6 ~ 8cm，每段带 3 ~ 4 片叶，并将枝条基部 1 ~ 2 叶摘除，按行株距 6 ~ 10cm 见方，将枝条插入土内约 2/3，浇透水以后，覆盖地膜保温保湿，经 10 ~ 15d 可生根成活，待长出新叶后，随时可带土移栽。

（2）种子繁殖　在北方，采种栽培时，于秋季选健壮枝条扦插于保护地内。一般 2 月—4 月开花，6 月—7 月种子成熟。当花朵上吐出白絮时立即采收种子。春季播种育苗，播种后 10d 左右即可出苗，5 ~ 6 叶移栽。

2. 定植

北方 5 月上中旬定植。行株距 50cm ×（25 ~ 30）cm，每 667m^2 植苗 3500 ~ 5000 株。

3. 整枝

当株高 150cm 时可以打顶，以尽快分出侧枝，分枝长出后加强肥水管理。

4. 肥水管理

（1）追肥　开始采收后，每采收 1 次追 1 次肥，追肥为 667m^2 尿素10 ~

15kg。

（2）浇水　每次追肥后及时浇水，干旱时也应浇水。

5. 采收

当植株高25~30cm，嫩梢长15cm左右时即可采收。采收的方法是第1次采收留基部2~3节叶片，以后每一叶腋又长出新梢，下一次采收留基部1~2节叶片。紫背天葵采收供应期很长，从春季一直可以供应到初冬。在北方，一般15~20d采收一次，早春、深秋或冬季温室生产25~30d采收一次。在南方，春秋两季为10~15d采收一次，夏季和冬季20~30d采收一次。

6. 主要病虫害及其防治

紫背天葵主要病害为病毒病，主要虫害为蚜虫，采取综合措施进行防治。

第七节　紫罗勒

一、简介

罗勒（*Ocimum basilicum*）又称九层塔、兰香、金不换、圣约瑟夫草和甜罗勒，是一种矮小、幼嫩的唇形科香草植物，为唇形科罗勒属一年生植物，也有一些是多年生植物，属珍贵的保健蔬菜。原生于亚洲热带区，现欧洲、非洲也有分布。罗勒常见于西式食谱及泰国菜，中国菜中的三杯料理也用得上。此外，罗勒也可以作为中药使用，可以治疗跌打损伤和蛇虫咬伤。

二、营养分析*

据测定，每100g罗勒鲜品含水分82.7g，果胶0.75g，粗蛋白12.9g，钙35mg，钾186mg，镁9mg，锌5.6mg，铜1.4mg，锰1.6mg，维生素C 2.76mg。

三、药用功效

性味：味辛，温，无毒。

归经：归肺、脾、胃、大肠经。

功能：疏风解表，化湿和中，行气活血，解毒消肿。

主治：感冒头痛，发热咳嗽，中暑，食积不化，不思饮食，脘腹胀满疼痛，呕吐泻痢，风湿痹痛，遗精，月经不调，牙痛口臭，皮肤湿疮，瘾疹瘙痒，跌打损伤，蛇虫咬伤。

* 罗勒为近年引进的稀有蔬菜，目前尚无完整的营养成分报道。

《本草纲目》：气味辛，温，无毒。主治：调中消食，去恶气，消水气，宜生食。疗齿根烂疮，为灰用之甚良。与诸菜同食，味辛香，能辟腥气，皆此意也。

《千金·食治》：消停水，散毒气。

《嘉佑本草》：调中消食，去恶气，消水气，宜生食。又疗齿根烂疮，为灰用甚良。又动风，发脚气，取汁服半合定，冬月用干者煮之。

《岭南采药录》：治毒蛇伤，又可作跌打伤敷药。

《现代实用中药》：为产科良药，能使分娩前后血行良好，并治胃痉挛、肾脏病。

《中国药植志》：有消暑解热效用。

《南京民间药草》：叶与丹参煎水服，可通经活血。

《广西中药志》：疏表，散风热。治外感头痛、发热咳嗽，皮肤瘾疹瘙痒。

《中国药植图鉴》：揉汁可治眼睛胬肉。

《广东中药》止痛消肿。治风毒疮，风湿肿。

罗勒有消暑解毒、去痛健胃、益力增精、强壮身体、通利血脉等功效。其含有的芳香油可刺激胆汁的流动，促进食欲。

四、食疗与外敷作用

（1）增强记忆力　可使感觉敏锐、精神集中，安抚神经紧张、消除焦虑，帮助增加记忆力。

（2）滋润皮肤　对干性缺水及老化粗糙、皱纹的皮肤有滋润作用，也可用于经常加班和长期面对电脑出现的黑眼圈、眼袋。可紧实肌肤，平衡油脂分泌。但过量时会是皮肤过分紧绷或刺激皮肤。

（3）帮助消化　罗勒精油 4 滴，黑胡椒精油 2 滴，豆蔻精油 2 滴，橄榄油 10mL，将所有精油和橄榄油混匀成按摩油，按摩不适的胃部即可。

（4）缓解生理痛　罗勒精油 5 滴，姜精油 2 滴，永久花精油 3 滴，甜杏仁油 10mL，将精油与甜杏仁油调和，涂抹在下腹部即可。

五、栽培技术

1. 播种育苗

生产中采取直播繁殖方法。播前整地施肥，做成平畦，浇透水后撒播，播后覆细土 1cm。幼苗 3 ~4 片叶开始疏苗、间苗、定苗；也可苗床育苗。

2. 定植

结合整地每 667m^2 施农家肥 3000kg，并施入 20kg 化肥做基肥，然后做成

1. 3m 宽的平畦，每畦种（栽）3 行，平均行距 43cm，株距 30cm。

3. 肥水管理

当幼苗长出 10 片叶以后，增加浇水次数，保持土壤湿润，结合浇水追肥 1 ~2 次，追肥以速效氮肥为主。

4. 采收

1 次种植多次采收。当株高 10cm 时，可以陆续采收嫩梢和叶片，采收要用剪刀剪下，以避免伤口感病。

5. 主要病虫害及其防治

主要虫害是蚜虫，应及时防治。

第八节　紫苏

一、简介

紫苏（*Perilla frutescens*），又称白苏、赤苏、红苏、香苏、黑苏、白紫苏、青苏、野苏、苏麻、苏草、唐紫苏、皱叶苏等，是唇形科紫苏属唯一一种一年生草本植物，原产中国，已有近 2000 年的栽培历史，全国各地均有栽培，长江以南各省有野生，见于村边或路旁。目前主产于东南亚、台湾、浙江、江西、湖南等中南部地区，喜马拉雅地区；日本、缅甸、朝鲜半岛、印度、尼泊尔也引进此种，而北美洲也有生长。

紫苏属于既可药用，又可食用。入药形式以茎称紫梗，叶又称苏叶，解表，子又称苏子、黑苏子、赤苏子，是苏子降气汤的重要成分。

二、营养分析

紫苏全株均有很高的营养价值，它具有低糖、高纤维、高胡萝卜素、高矿物质元素等特点。每 100g 嫩叶含膳食纤维 3. 49 ~6. 96g，蛋白质 3. 84g，脂肪 1. 3g，钙 217mg，铁 20. 7mg，磷 65. 6mg，钾 522mg，钠 4. 24mg，铜 0. 34mg，镁 70. 4mg，锌 1. 21mg，锰 1. 25mg，锶 1. 50mg，硒 3. 24 ~4. 23μg，维生素 B_1 0. 02mg，维生素 B_2 0. 35mg，维生素 C 55 ~68mg，胡萝卜素7. 94 ~9. 09mg。

紫苏种子中含大量油脂，出油率高达 45% 左右。油中含亚麻酸 62. 73% 、亚油酸 15. 43% 、油酸 12. 01% 。种子中蛋白质含量 25% ，内含 18 种氨基酸，其中赖氨酸、蛋氨酸的含量均高于高蛋白植物籽粒苋。此外还有谷维素、维生素 E、维生素 B_1、甾醇、磷脂等。

三、药用功效

性味：辛，温。

归经：归肺、脾经。

功能：发汗解表，理气宽中，解鱼蟹毒。

主治：用于风寒感冒，头痛，咳嗽，胸腹胀满，鱼蟹中毒。

《本草纲目》：紫苏，近世要药也。其味辛，入气分，其色紫，入血分。行气宽中，消痰利肺，和血，温中，止痛，定喘，安胎。

《本草汇言》：紫苏，散寒气，清肺气，宽中气，安胎气，下结气，化痰气，乃治气之神药也。

《别录》：主下气，除寒中。

《日华子本草》：补中益气。治心腹胀满，止霍乱转筋，开胃下食，并（治）一切冷气，止脚气，通大小。

《本草图经》：通心经，益脾胃。

《滇南本草》：发汗，解伤风头痛，消痰，定吼喘。

《本经逢原》：能散血脉之邪。

四、食疗作用

（1）健脑　紫苏种子中的脂肪酸是常见的多不饱和脂肪酸。它们对人体的心血管起保护作用，而且也有益于大脑的健康。

（2）预防心脏疾病、老年性痴呆　紫苏可降低中风心脏病突发的概率，预防乳腺癌和肠癌。其含有亚麻酸可降低70%心脏病突发的风险。

（3）防治风湿关节炎　研究证明，紫苏油中含有的脂肪酸可以有效地防治风湿性关节炎和其他的炎症。

（4）防治前列腺疾病　紫苏含有的亚麻酸，可产生前列腺素E3，它能抑制前列腺素E2的生成，降低前列腺素E2产生的风险，维持体内脂肪酸的平衡。

五、栽培技术

1. 品种选择

皱叶紫苏、尖叶紫苏。

2. 栽培季节

长江、黄河流域及华北地区以露地栽培为主，3月—4月冷床或露地育苗，4月—5月定植，6月—9月采收，至抽薹为止。设施栽培可随时播种。

3. 田间管理

（1）整地施肥　结合整地每 667m^2 施入有机肥 2000kg，并施入饼肥 50kg，氮、磷、钾复合肥 25kg。

（2）播种、育苗　紫苏可以直播，也可以育苗移栽。直播可以撒播、条播、穴播，出苗后按行株距 30cm × 30cm 间苗、定苗。育苗采取穴盘基质育苗，出苗后 15d 按行株距 30cm ×30cm 定植。设施栽培，以取食嫩茎叶的，多于幼苗 3 ~4 叶时，用剪刀整齐剪断后装箱出售。也有的在温室内每 3 ~4 株栽为一丛，丛距 10 ~12cm，进行遮光短日照处理，一般6 ~7 片叶抽穗，穗长 6 ~8cm 时，及时采收扎把上市。

（3）肥水管理　紫苏开始旺盛生长时适当浇水，并追肥 2 次。

（4）摘心　紫苏分枝力极强，如以收获嫩茎叶为目的，则可摘除已进行花芽分化的顶端，使之不开花保持嫩茎叶生长；留种株的适当摘除部分茎尖和叶片。

4. 采收

食用嫩茎叶者，可以随时采摘或分批收割；采收种子的，应在 40% ~ 50% 成熟时一次性收割，晾晒后脱粒。

5. 主要病虫害及其防治

有白粉病、锈病，及时防治。

第九节　紫薄荷

一、简介

薄荷（*Mentha haplocalyx*），又称银丹草、夜息香、人丹草等，为唇形科多年生植物，最早期于欧洲地中海地区及西亚洲一带盛产，现广泛分布于我国各地，多生于山野湿地河旁。世界薄荷属植物约有 30 种，中国现有 12 种。薄荷是中华常用中药之一，它是辛凉性发汗解热药，治流行性感冒、头疼、目赤、身热、咽喉、牙床肿痛等症；外用可治神经痛、皮肤瘙痒、皮疹和湿疹等。同时薄荷又是餐桌上的鲜菜，主要食用部位为茎和叶，也可榨汁服。在食用上，薄荷既可作为调味剂，又可作香料，还可配酒、冲茶等。平常以薄荷代茶，清心明目。

二、营养分析

每 100g 鲜薄荷含热量 24kcal，碳水化合物 2g，膳食纤维 5g，蛋白质 4g，钙 341mg，铁 4mg，磷 22mg，钾 677mg，钠 4mg，铜 1mg，镁 133mg，锰 1mg，锌 1mg，维生素 B_2 0.4mg，维生素 C 6mg。

三、药用功效

性味：辛，凉。

归经：入肺经、肝经。

功效：疏散风热，清利头目，利咽透疹，疏肝行气。

主治：疏风、散热、辟秽、解毒、外感风热、头痛、咽喉肿痛、食滞气胀、口疮、牙痛、疮疥、瘾疹、温病初起、风疹瘙痒、肝郁气滞、胸闷胁痛。

《药性论》：去愤气，发毒汗，破血止痢，通利关节。

《千金·食治》：却肾气，令人口气香洁。主辟邪毒，除劳弊。

《滇南本草》：治一切伤寒头疼，霍乱吐泻，痈、疽、疥、癞诸疮。又：野薄荷上清头目诸风，止头痛、眩晕、发热，去风痰，治伤风咳嗽、脑漏鼻流臭涕，退虚痨发热。

《唐本草》：主贼风，发汗。（治）恶气腹胀满。霍乱。宿食不消，下气。

《食疗本草》：杵汁服，去心脏风热。

《日华子本草》：治中风失音，吐痰。除贼风。疗心腹胀。下气、消宿食及头风等。

《本草图经》：治伤风、头脑风，通关格，小儿风涎。

《医林纂要》：愈牙痛，已热嗽，解郁暑，止烦渴，止血痢，通小便。

《本草纲目》：薄荷，辛能发散，凉能清利，专于消风散热。故头痛、头风、眼目、咽喉、口齿诸病、小儿惊热、及瘰疬、疮疥为要药。

《本草求真》：薄荷，气味辛凉，功专入肝与肺。

四、食疗作用

（1）保健作用　薄荷具有双重功效、热时能清凉、冷时则可温暖身躯，因此用它治疗感冒的功效绝佳；对呼吸道产生的症状如干咳、气喘、支气管炎、肺炎、肺结核具有一定的疗效；对消化道的疾病也十分有助益，有消除胀气、舒解胃痛及胃灼热的作用。

（2）美容作用　可以调理不洁、阻塞的肌肤，其清凉的感觉能收缩微血管、舒缓发痒、发炎和灼伤，也可柔软肌肤，对于清除黑头粉刺及油性肤质也极具效果。

五、栽培技术

1. 繁殖方法

（1）种子繁殖　春天播种育苗，苗高15cm时移栽到大田。由于种子繁殖使植株发生变异，降低产量和品质，一般生产上不宜采用。

（2）无性繁殖

①扦插繁殖。5—7月份，剪取未现蕾开花的枝条10～15cm长，削去下端1～2对叶片，插入苗床或大田土中，插入1/2，插后灌水，适当遮荫，保持土壤湿润，10d左右成活。苗床育苗的，在新植株长成后移栽大田。

②分株繁殖。分株繁殖因其方法简单而广为应用。春季苗高10～15cm时，从老薄荷田里，连苗带根一同挖出栽入大田。

③根茎繁殖。根茎繁殖是目前生产上常用的方法。具体方法是用种根茎，随用随挖，按行距30cm开条沟，沟深7～8cm，把种根茎放入条沟内，下种密度以根茎首尾相接为好，也可以切成7～10cm长的小段播入，然后覆土，压实，如土壤干旱，可浇蒙头水。用这种繁殖方法，注意避免根茎晒干或风干，以提高成活率。

2. 田间管理

①选地整地，施足基肥。宜选土质肥沃、地势平坦、排灌方便的壤土，避免连作。整地要深耕、耙平、作畦。耕翻时每667m^2施入农家肥2500～3000kg，并用三元复合肥50kg作基肥。

②栽培密度。薄荷分株繁殖或根茎繁殖，行距20cm，穴距15cm，每穴2株。缓苗后，可以打顶促分枝，以增加密度；当田间密度过大时，适时拔出弱小苗、野杂苗。

③合理追肥。灌水防旱封垅前中耕除草2～3次。追肥原则为两头轻、中间重，即轻追壮苗肥，重追分枝肥，补施保叶肥。因薄荷根茎和须根入土浅，既不耐涝又不耐旱，所以在管理上要注意干旱灌水、雨渍排涝。

④二茬薄荷的管理。二茬薄荷生育期短，头茬收获后，要抓紧时间铲除残留的地上茎杆、匍匐茎及杂草，并立即追肥灌水。

3. 采收

薄荷一般一年收割2次。由于薄荷除当蔬菜食用外，主要生产薄荷油和薄荷脑，所以适时采收，是实现油、脑高产丰收的关键。一般头茬薄荷在现蕾期、有少量开花时即应开始收获；二茬薄荷在开花30%～40%、顶层叶片反卷皱缩时收获。收获回来的地上茎叶进行摊晒，晒至五、六成干时进行蒸馏，多余的茎叶及时摊晾。

4. 主要病虫害及其防治

紫薄荷的主要病害有锈病、斑枯病，虫害有小地老虎、钻心虫等，应注意及时防治。

第十节 莙达菜（红梗叶甜菜）

一、简介

莙达菜（*Beta vulgaris*），又称红梗叶甜菜、牛皮菜，为藜科甜菜属的变种，为叶用甜菜的一个优新品种，是近年从荷兰引进并经多年筛选出的红梗绿叶观赏兼食用型新品种，其叶柄和叶脉均为红色，原产地中海沿岸。因其外观艳丽多彩，色泽诱人，具有很好的观赏性，不少花卉爱好者也将其栽植于花盆之中。近年来多作为农业观光园区立体栽培和水培蔬菜品种，可以多次剥叶食用。

二、营养分析

每100g叶片含还原糖0.95g，粗蛋白1.38g，纤维素2.87g，脂肪0.1g，钙75.5mg，铁1.03mg，磷33.6mg，钾164mg，镁63.1mg，锌0.24mg，锰0.15mg，硒0.2μg，维生素 B_1 0.05mg，维生素 B_2 0.11mg，维生素C 45mg，胡萝卜素2.14mg。

三、药用功效*

其味甘性凉，具有清热解毒、行瘀止血的作用。

四、食疗作用

其食用方法多样，可凉拌、炒食和煮食。炒食可清炒、肉炒、炒豆腐等，是广东名菜“莙达菜包”主要原料之一。

（1）解热　莙达菜性味甘凉，经常食用可清利湿热，清肝解毒，凉血散瘀。

（2）健脾胃　莙达菜含有大量的植物纤维素，能促进肠道蠕动，可增强脾胃功能。

---

* 由于引进时间较短，其药用功效尚不十分清楚。——编者注

（3）抗衰老　窘达菜具有清除自由基和抵抗衰老的作用。

五、栽培技术

窘达菜对环境条件的适应性很强，耐寒、耐热、耐旱、耐肥，尤其耐盐碱，在凉爽、湿润的气候条件下生长快、品质好。宜在疏松、肥沃、保肥、保水力强的壤土地种植。

1. 栽培季节（华北地区）

栽培方式	播种期	定植期	采收期
春露地	2月下旬—3月上旬	4月上旬	5月上旬—7月上旬
秋露地	7月下旬	8月中下	9月中旬—10月下旬
春保护地	12月	第2年1月—3月	3月—7月
秋保护地	8月—9月	9月—10月	10月—第2年4月

2. 播种、育苗

可直播、也可育苗定植，生产上以育苗定植为主。育苗用72～128孔穴盘基质无土育苗。种子需特殊处理，即播种前用温水浸种24h，并用手搓种，然后阴干播种。

3. 整地施肥与定植

每667m^{2}施农家肥3000kg以上做基肥，耕翻后将土壤耙细整平，做成1.3m宽的平畦，每畦栽3～4行，株距30～35cm，栽植时每667m^{2}施种苗肥三元复合肥30kg，栽后及时浇水。

4. 肥水管理

缓苗后及时松土，一般7～10d浇1次水；定植后15～20d追肥1次，开始采收后20d左右追肥1次。温室栽培注意调整温度和通风换气，白天保持20～25℃，夜间10～12℃。

5. 采收

可一次性采收也可分期采收，分期采收的，植株长到10片叶左右时开始采收，每次采摘外部嫩叶2～3片，一般5～10d采收1次，采收期可达5个月。一般每667m^{2}产2500kg左右。

6. 主要病虫害及其防治

红梗叶甜菜的主要虫害是潜叶蝇，在刚出现危害时喷药防治幼虫。防治幼虫要连续喷2、3次，农药可用40%乐果乳油1000倍液或40%氧化乐果乳油1000～2000倍液。

第十一节 酢浆草

一、简介

酢浆草（*Oxalis corniculata*），又称三叶酸、三角酸、酸母等，为酢浆草科酢浆草属多年生匍匐性草本植物，原产南美洲（一说为墨西哥），我国南方各地均有野生分布，近几年河北、陕西等地也有种植。

酢浆草株形、叶、花均非常美观，花期长达 7 个月，周年常绿，是珍稀的优良彩叶地被植物，极具有观赏价值，可作为现代农业园区的景观植物，也可用于室内和庭院盆栽。

二、营养分析

每 100g 鲜菜含热量 67kcal，碳水化合物 12. 4g，脂肪 0. 5g，蛋白质 3. 1g，钙 2. 7mg，铁 5. 6mg，磷 125mg，维生素 A 873μg，维生素 C 127mg，胡萝卜素 5240μg。

三、药用功效

性味：酸，寒。

《唐本草》：味酸，寒，无毒。食之解热渴。

《履巉岩本草》：味酸，有小毒。

《滇南本草》：性寒，味酸微涩。治久泻肠滑，久痢赤白，用砂糖同煎服。

《得配本草》：入手阳明、太阳经。

功用主治：清热利湿，凉血散瘀，消肿解毒。治泄泻，痢疾，黄疸，淋病，赤白带下，麻疹，吐血，衄血，咽喉肿痛，疔疮，痈肿，疥癣，痔疾，脱肛，跌打损伤，汤火伤。

《本草图经》：治妇人血结不通，净洗细研，暖酒调服之。

《本草纲目》：主小便诸淋，赤白带下，同地钱、地龙治砂石淋；煎汤洗痔痛脱肛；捣敷汤火蛇蝎伤。

《医林纂要》：补肺泻肝，除热气，去瘀血，敛阴。

现代医学临床用于治疗失眠、治疗传染性肝炎。

四、食疗作用

酢浆草以嫩茎叶供食用，其含有丰富的草酸盐、酒石酸、苹果酸等，有一定的镇静、安眠的作用，清热解毒，对传染性肝炎的治疗有一定的效果。食用方法为焯后凉拌、炒食、做汤做馅等。

五、栽培技术

酢浆草喜温暖湿润的环境和排水良好、富含腐殖质的沙壤土，全日照、半日照环境或稍荫处均可生长，生长适温 24 ~ 30℃。以根状球茎在土壤中越冬，第 2 年春萌发新株。

1. 品种选择

酢浆草在世界上约有 300 多个野生种，我国主要有红花酢浆草、白花酢浆草、大花酢浆草、九叶酢浆草、山酢浆草、腺叶酢浆草、银斑酢浆草等品种。

2. 繁殖

酢浆草可用地下球形根茎分株繁殖，在南方可全年进行；华北地区则于春季进行。分株时先将植株挖出，掰开球茎分植，也可将球茎切成小块，每小块留 3 个以上的芽眼，放入沙床中培育；也可用 8cm × 8cm 的塑料钵基质培养，待生根长叶后移栽定植。

3. 肥水管理

定植前整地施肥，每 667m^2 施农家肥 2000kg，三元复合肥 30kg，然后深翻土地并进行平整，按行株距 20cm × 20cm 定植，浇透定植水，中耕除草 2 ~ 3 次，每半个月至 1 个月追肥 1 次，每次每 667m^2 追施碳酸氢铵 5 ~ 10kg，并配合浇水。

4. 采收

酢浆草以嫩茎叶为食用，且大多数品种株高仅 15 ~ 20cm 左右。因此，当酢浆草长至 10cm 高时即可采收，一年中可采收多次。

5. 主要病虫害及其防治

酢浆草基本无病虫害。

第十二节　紫甘蓝

一、简介

紫甘蓝（*Brassica oleracea*），又称红甘蓝、赤甘蓝，俗称紫包菜，十字花科芸薹属甘蓝种中的一个变种，是结球甘蓝中的一个类型，由于它的外叶和叶球都呈紫红色，故名。紫甘蓝起源于欧洲地中海沿岸，已有数千年的栽培历史。紫甘蓝之传入中国的时间较短，估计不到100年。

普通结球甘蓝的栽培面积自新中国成立以后发展迅速，从全国来看仅次于大白菜，而紫甘蓝传入中国后，中国不习惯生食，故迄未大发展。

二、营养分析

紫甘蓝的主要营养成分与结球甘蓝差不多，其中含有的维生素及矿物质都高于结球甘蓝，所以公认紫甘蓝的营养价值高于结球甘蓝。

每100g鲜甘蓝含热量17kcal，蛋白质1.5g，脂肪0.1g，碳水化合物3.2g，膳食纤维0.8，钙50mg，铁0.7mg，磷31mg，钾124mg，钠57.5mg，镁11mg，锌0.38mg，硒0.49μg，铜0.05mg，锰0.15mg，维生素A 20μg，维生素B_1 0.04mg，维生素B_2 0.05mg，维生素C 31mg，维生素E 0.76mg，胡萝卜素120μg。

紫甘蓝的营养丰富，尤以丰富的维生素C、较多的维生素E和维生素B族，以及丰富的花青素苷和纤维素等，备受人们的欢迎。

三、药用功效

性味：甘，平。

归经：入胃、肾二经。

主治：上腹胀气疼痛、嗜睡、脾胃不和、脘腹拘急疼痛。

《千金·食治》：久食大益肾，填髓脑，利五脏，调六腑。

《本草拾遗》：补骨髓，利五藏六腑，利苯节，通经络中结气，明耳目，健人，少睡，益心力，壮筋骨。治黄毒，煮作菹，经宿渍色黄，和盐食之，去心下结伏气。

《胡洽百病方》：甘蓝，河东陇西多种食之。汉地甚少有。其叶长大厚，煮食甘美。经冬不死，春亦有英，其花黄，生角结子。子甚治人多睡。

《本草纲目》：甘蓝，亦大叶冬蓝之类也。

四、食疗作用

（1）防癌　紫甘蓝是一种天然的防癌食品，因紫甘蓝中含有丰富的维生素C，维生素E，维生素U，胡萝卜素，钙、锰，钼以及纤维素。紫甘蓝还是一种重要的护肝食品，主要针对脂肪肝、酒精肝、肝脏功能障碍等。

（2）增强活力　紫甘蓝能够给人体提供一定数量的具有重要作用的抗氧化剂——维生素E与维生素A前体物质（β-胡萝卜素），这些抗氧化成分能够保护身体免受自由基的损伤，并能有助于细胞的更新。它有强身健体的作用，经常食用能够增强人的活力。

（3）维护皮肤健康　紫甘蓝含有丰富的硫元素，这种元素的主要作用是杀虫止痒，对于各种皮肤瘙痒，湿疹等疾患具有一定疗效。因而经常吃这类蔬菜对于维护皮肤健康十分有益。

（4）减肥、防便秘　紫甘蓝中含有的大量纤维素，能够增强胃肠功能，促进肠道蠕动以及降低胆固醇水平，同时防治便秘的发生。其中的铁元素能够提高血液中氧气的含量，有助于机体对脂肪的燃烧，从而对于减肥大有裨益。

（5）缓解关节疼痛　紫甘蓝具有缓解关节疼和杀菌消炎的作用。

（6）治疗胃溃疡　紫甘蓝对溃疡有着很好的治疗作用，是胃溃疡患者的有效食品。

（7）美容　紫甘蓝其防衰老、抗氧化的效果与芦笋、菜花同样处在较高的水平。紫甘蓝富含叶酸，这是甘蓝类蔬菜的一个优点。所以，怀孕的妇女、贫血患者应当多吃些甘蓝，它也是妇女的重要美容品。

五、栽培技术

紫甘蓝喜温和气候，有一定的抗寒性和耐热性，生长发育适宜温度为20～25℃，紫甘蓝为长日照作物，对光照条件要求不严格；对土壤适应性较强，喜肥耐肥。

1. 品种选择

目前国内所用品种主要引自国外。

①紫甘1号。株型较大，单球重2～3kg，每667m^2产3000～3500kg，从定植到收获85～90d，耐贮存，每667m^2留苗2000～2200株。

②早红。早熟，从定植到收获65～70d，中等植株，单球重0.75～1kg，每667m^2产2500kg，每667m^2留苗2500～2800株。

③红亩。中熟，从定植到收获80d，单球重1.5～2kg，每667m^2留苗2000～2200株，产量3000～3500kg。

④特红1号。植株中等，早熟，从定植到收获65～70d，单球重0.75～1kg左右，每667m^2产2500kg左右。

⑤鲁比紫球。杂种1代，早熟，自播种到收获95～100d，单球重1.2kg，耐热性强，低温期间结球性好。

⑥中熟鲁比紫球。杂交1代，中熟，自播种到收获110～120d，单球重1.6kg，耐寒，低温期结球性好，耐贮藏。

2. 栽培方式与季节（华北地区）

栽培方式	育苗期	定植期	收获期
春保护地	2月上、中旬	2月中旬—3月上旬	5月
春露地	3月上、中旬	4月下旬—5月上旬	7月上旬
秋保护地	7月下旬	8月中、下旬	11月中、下旬
秋露地	6月中、下旬	7月中、下旬	10月上旬

3. 播种育苗

一般采用苗床育苗移栽方式，育苗播种采用撒播，每667m^2用种量50～100g。近2年来已推广穴盘无土育苗技术。苗龄50～60d，幼苗5～6叶期移栽。

4. 选地、整地与施肥

紫甘蓝对土壤适应性较强，但宜选择土质疏松肥沃的壤土或沙壤土。定植前结合整地每667m^2施农家肥3000kg，复合肥40kg，并做成20cm高畦，畦宽50～60cm，畦距30cm。

5. 栽培方式

可采取早春露地覆膜栽培，塑料大棚春提前、秋延后栽培，日光温室越冬栽培等栽培方式。

6. 移栽与密度

早熟品种行株距50cm×50cm，每667m^2 2600株左右；中熟品种行株距60cm×50cm，每667m^2保苗2200株左右。

7. 田间管理

育苗期分别在播前、分苗、定植前各浇1次透水，定植后浇1次缓苗水，然后蹲苗。进入莲座结球期，需水量较大，一般地面见干就浇水，一直到采收，并于莲座期、结球期结合浇水各追肥1次，以速效氮肥为主。

8. 主要病虫害及其防治

紫甘蓝主要病害有软腐病，主要虫害为蚜虫、菜青虫，及时对症防治。

第十三节　紫色羽衣甘蓝

一、简介

羽衣甘蓝（*Brassica oleracea*），又称叶牡丹、牡丹菜、花包菜等，十字花科芸薹属二年生草本植物，为食用甘蓝（卷心菜、包菜）的园艺变种。栽培一年植株形成莲座状叶丛，经冬季低温，于翌年开花、结实。原产欧洲地中海沿岸至小亚细亚一带，现全世界范围内都有栽培。我国引种栽培历史不长，尤其是观赏羽衣甘蓝是近十几年才有少量种植，只是分布在北京、上海、广州等大中城市。园艺品种形态多样，按高度可分高型和矮型；按叶的形态分皱叶、不皱叶及深裂叶品种；按颜色分有肉色、玫瑰红、紫红等品种。

二、营养分析

目前已知羽衣甘蓝营养丰富，含有大量的维生素 A、C、B_2及多种矿物质，特别是钙、铁、钾含量很高。其中维生素 C 含量非常高，每 100g 嫩叶中维生素 C 含量达到 153.6 ~ 220mg，在甘蓝中可与西兰花媲美。其热量仅为 209J，是健美减肥的理想食品。

三、药用功效

甘蓝类蔬菜性味甘平，具有益脾和胃，缓急止痛作用，可以治疗上腹胀气疼痛，嗜睡，脘腹拘急疼痛等疾病。

甘蓝类蔬菜含有丰富的维生素、糖等成分，其中以维生素 A 最多，并含有少量维生素 K_1、维生素 U、氯、碘等成分，尤其维生素 K_1及维生素 U 是抗溃疡因子，因此常食用甘蓝类蔬菜对轻微溃疡或十二指肠溃疡有纾解作用，适合任何体质人群长期食用。

最新研究证明，多吃甘蓝和卷心菜可减少膀胱癌发病率 40%。十字花科蔬菜的特殊成分不仅具有防癌作用，还具有防氧化，抗衰老的良好功能。

四、食疗作用

紫色羽衣甘蓝可以食用，可素炒、炒肉、凉拌、做汤、做馅等。

（1）缓解骨质疏松　紫色羽衣甘蓝不仅味道鲜美，还是很好的保健蔬菜。羽衣甘蓝富含多种维生素和矿物质，其中维生素和钙的含量较高，尤其是维生素 C 是蔬菜中最高的，这种蔬菜对中老年长患的骨质疏松症有一定的疗效。

（2）抑制细胞癌变　甘蓝类蔬菜微量元素硒的含量也为蔬菜之首，有抑制细胞癌变的功能，有“抗癌蔬菜”的美称，是人们食疗的上等蔬菜。

甘蓝类蔬菜还含有一些硫化物的化学物质，是十字花科蔬菜的特殊成分，具有防癌作用，其中又以甘蓝菜和胡萝卜、菜花最著名，并称为防癌“三剑客”。

（3）健胃　甘蓝类蔬菜是世界卫生组织曾推荐的最佳蔬菜之一，也被誉为天然“胃菜”。其所含的维生素 K_1 及维生素 U 不仅能抗胃部溃疡、保护并修复胃黏膜组织，还可以保持胃部细胞活跃旺盛，降低病变的概率。

五、栽培技术

1. 品种选择

红、紫色羽衣甘蓝品种有：红莲花，红牡丹，紫凤尾，红寿，红鹰2号，桃鹰2号，红孔雀。

2. 栽培季节（华北地区）

露地春播：2月下旬保护地育苗，4月上、中旬定植，5月上旬开始采收；

露地秋播：7月下旬遮阳、防雨育苗，8月下旬定植，9月中、下旬开始采收；

冬春日光温室种植：7月下旬至8月下旬播种，9月下旬至10月中旬定植，10月下旬至第2年2月陆续采收。

3. 育苗定植

50孔穴盘育苗，苗龄30～40d，3～4片真叶时定植。露地采用高畦覆膜栽培方式，畦高20cm，畦宽1.0～1.2m，每畦栽植2行，即行距50～60cm，株距30～40cm；盆栽选用直径20～30cm花盆，每盆栽植1株。作为路边观赏用，可采用直径100cm的花盆，每盆定植5～7株。

4. 肥水管理

前期尽量多中耕、少浇水，10片叶左右开始增加浇水次数，以小水勤浇为好；莲座期追一次发棵肥，进入采收期，每15～20d追肥1次。

5. 采收

一次定植多次采收，采收期可达6个月以上。长至10片叶左右即可陆续采收下部的嫩叶每次采2～3叶，7d采收1次，及时打掉下边的黄叶、老叶、病叶。

6. 主要病虫害及其防治

主要病害有霜霉病、黑斑病、黑腐病，主要虫害有蚜虫、菜青虫、甘蓝夜蛾、美洲斑潜蝇等，应及时进行综合防治。

第十四节　紫苤蓝

一、简介

苤蓝（*Brassica olerace*），又称球茎甘蓝、玉蔓青、撇列、不留客，为十字花科二年生草本植物。苤蓝是甘蓝中能形成肉质茎的一个变种，原产地中海沿岸，由叶用甘蓝变异而来。在德国栽培最为普遍。16 世纪传入中国，现中国各地均有栽培。按球茎皮色分绿、绿白、紫色三个类型。按生长期长短可分为早熟、中熟和晚熟三个类型。

二、营养分析

苤蓝营养丰富，每 100g 鲜品含水分 91 ~94g，碳水化合物 2. 8 ~5. 2g，粗蛋白 1. 4 ~2. 1g，糖 2. 2g，粗纤维 0. 8g，钙 16. 2mg，铁 0. 22mg，磷 24. 4mg，维生素 B_1 0. 04mg，维生素 B_2 0. 014mg，维生素 C_3 0. 4mg，胡萝卜素微量。

苤蓝的维生素 C 含量极高，一杯煮熟的苤蓝含有“每日建议摄入量”的 1. 5 倍。它还含大量的钾，而维生素 E 的含量也超过“每日建议摄入量”的 10%。

三、药用功效

性味：甘，辛，凉。

功能主治：治小便淋浊，大便下血，肿毒，脑漏。

《本草求原》：甘辛，冷，无毒。

《滇南本草》：味辛涩。治脾虚火盛，中膈存痰，腹内冷疼，小便淋浊；又治大麻风疥癞之疾；生食止渴化痰，煎服治大肠下血；烧灰为末，治脑漏；吹鼻治中风不语。皮能止渴淋。

《纲目拾遗》：解煤气中毒。

《本草求原》：宽胸，解酒。

《四川中药志》：利水消肿，和脾。治热毒风肿；外用涂肿毒。

《中国高等植物图鉴》：治疗十二指肠溃疡。

四、食疗作用

（1）消食积、去痰　苤蓝嫩叶营养丰富，含钙量很高，而且具有消食积、去痰的保健功能。

（2）防治胃病　苤蓝维生素含量十分丰富，尤其是鲜品绞汁服用，对胃病有防治作用。

（3）止痛生肌　苤蓝所含的维生素 C 等招牌营养素，有止痛生肌的作用，能促进胃与十二指肠溃疡的愈合。

（4）宽肠通便　苤蓝内含大量水分和膳食纤维，可宽肠通便，防治便秘，排除毒素。

（5）增强人体免疫功能　苤蓝还含有丰富的维生素 E，有增强人体免疫功能的作用。

（6）防癌抗癌　苤蓝所含微量元素钼，能抑制亚硝酸胺的合成，因而具有一定的防癌抗癌作用。

五、栽培技术

1. 播种育苗

适宜播种期为1月下旬至2月上旬。提前播种易引起未熟抽薹，影响球茎产量和品质；错后播种，苗小，成熟晚，效益低。育苗最好采取无土育苗，即基质穴盘育苗。

2. 定植

一般在4月末5月初栽种。选择土壤肥沃、保水保肥力强的地块，$667m^2$施优质农家肥5000kg，复合肥30kg，深耕，土肥掺匀后耙平，定植株行距均为35cm，$667m^2$保苗6000株左右，要求带完好土坨随定植随浇水，尽量少伤根，促进早缓苗、早成活。

3. 肥水管理

苤蓝生育期短，一般定植后65~70d收获。定植缓苗后，及时中耕保墒，提高地温，促进根系发育。注重蹲苗，不可过早追肥浇水，否则易引起植株徒长，影响球茎发育，表现叶片多、球茎小、成熟迟。因此，栽培上要求在球茎膨大中后期直径达4cm以上时开始浇水，保持土壤湿润，防止土壤过干过湿，同时追肥1~2次，促进球茎膨大，可一次$667m^2$追施尿素或复合肥15~20kg。

4. 采收

紫苤蓝成熟期处在7—8月之交，气温较高，球茎达到后应及时采收，切成细丝晒干，卖到酱菜厂。

5. 主要病虫害及其防治

危害紫苤蓝的虫害主要有菜青虫、小菜蛾和蚜虫，要注意及早防治。

第十五节　紫色花椰菜

一、简介

花椰菜（*Brassica oleracea*），又称花菜、菜花、椰菜花，为十字花科芸薹属一年生植物，与西兰花（绿菜花）和结球甘蓝同为甘蓝的变种，原产于地中海东部海岸，约在19世纪初清光绪年间引进中国。近几年又引进紫色品种。白菜花、绿菜花和紫菜花的营养、作用基本相同，但紫花菜的保健价值尤为突出。

二、营养分析

据测定，每100g鲜花椰菜含热量24kcal，膳食纤维1.2g，蛋白质2.1g，脂肪0.2g，碳水化合物4.6g，钙23mg，铁1.1mg，磷47mg，钾200mg，钠31.6mg，铜0.05mg，镁8.0mg，锌0.38mg，锰0.17mg，硒0.73μg，维生素A 5μg，维生素 B_1 0.03mg，维生素 B_2 0.08mg，维生素C 61mg，维生素E 0.43mg，胡萝卜素30μg。

三、药用功效

性味：性凉、味甘。

功能：补肾填精，健脑壮骨，补脾和胃。

主治：久病体虚，肢体痿软，耳鸣健忘，脾胃虚弱，小儿发育迟缓等病症。

花椰菜最显著的就是具有防癌抗癌的功效。花椰菜含维生素C较多，比大白菜、番茄、芹菜都高，尤其是在防治胃癌、乳腺癌方面效果尤佳。

花椰菜还有增强机体免疫功能，菜花的维生素C含量极高，不但有利于人的生长发育，更重要的是能提高人体免疫功能，促进肝脏解毒，增强人的体质，增加抗病能力。

四、食疗作用

（1）保护视力、提高记忆力　儿童常吃花椰菜，可促进生长、维持牙齿及骨骼正常、保护视力、提高记忆力。

（2）解毒　花椰菜能提高肝脏解毒能力，预防感冒和坏血病的发生。

（3）维护血管　花椰菜中的维生素K能维护血管的韧性，使之不易破裂。

（4）提高人体免疫功能　花椰菜的维生素C含量极高，不但有利于人的生长发育，更重要的是能提高人体免疫功能，增强人的体质。

五、栽培技术

1. 播种育苗

用72～128孔穴盘基质育苗。每穴播1粒种子，每667m^2用种50g。露地栽培，3月下旬—4月上旬塑料大棚或小拱棚育苗；苗龄30d左右，5月上旬移栽。春、秋大棚及冬季日光温室栽植可根据要求随时育苗，一般苗龄40d，幼苗 4～5 叶时可定植。

2. 栽培方式

无论露地栽培还是棚室栽培，都要采用高垄大、小行覆膜栽培方式。先行整地施肥，然后做成高畦，大行距 70cm，小行距 50cm，株距 50cm，每 $667m^2$保苗 2200 株左右。日光温室越冬栽培，还要覆盖地膜，以提早上市和提高产量。

3. 肥水管理

定植后及时浇缓苗水，20d 后追第 1 次肥，现花球后第 2 次追肥，每次追肥都结合浇水。另视苗情，一般 7～10d 浇 1 次水。花球生长期要求白天 20～22℃，夜间 10～15℃。

4. 采收

由于绿菜花花球易松散或枯蕾、开花，所以必须及时采收。采收标准为花球紧密、花蕾无黄花或坏死、花球直径 12～15cm，在花茎与主茎交界处下 2cm 处切割采收。

5. 主要病虫害及其防治

病害：霜霉病、黑腐病。虫害：菜青虫、蚜虫。应及时防治。

第十六节 紫菜薹

一、简介

紫菜薹（*Brassica campestris*），别名红菜薹、红菜、红油菜薹，为十字花科芸薹属芸薹种白菜亚种的变种，一年生或二年生草本植物，是原产中国的特产蔬菜，主要分布在长江流域一带，以湖北武昌和四川省的成都栽培最为著名。紫菜薹以柔软的花薹供食。

二、营养分析

紫菜薹品质脆嫩、营养丰富，维生素含量 C 比大白菜、小白菜、塌菜等都高。每 100g 鲜紫菜薹含热量 41kcal，蛋白质 2. 9g，脂肪 2. 5g，碳水化合物 2. 7g，膳食纤维 0. 9g，钙 26mg，铁 2. 5mg，磷 60mg，钾 221mg，钠 1. 5mg，铜 0. 12mg，镁 15mg，锌 0. 9mg，硒 8. 43μg，维生素 A 13μg，维生素 B_1 0. 05mg，维生素 B_2 0. 04mg，维生素 C 7mg，维生素 E 0. 51mg，胡萝卜素 80μg。

三、药用功效

紫菜薹味甘、性辛、凉；有散血消肿之功效。

紫菜薹所含的多糖具有明显增强细胞免疫和体液免疫功能，可促进淋巴细胞转化，提高机体的免疫力；可显著降低血清胆固醇的总含量。

紫菜薹的有效成分对艾氏癌的抑制率为53.2%，有助于防治脑肿瘤、乳腺癌、甲状腺癌、恶性淋巴瘤等肿瘤。

四、食疗作用

紫菜薹的食用方法主要是炒食，可素炒、荤炒，也可以凉拌、腌渍、做泡菜。

（1）软坚散结　紫菜薹营养丰富，含碘量很高，可用于治疗因缺碘引起的甲状腺肿大，且有软坚散结功能，对其他郁结积块也有用途；

（2）增强记忆　紫菜薹富含胆碱和钙、铁，能增强记忆、治疗妇幼贫血、促进骨骼、牙齿的生长和保健；含有一定量的甘露醇，可作为治疗水肿的辅助食品。

（3）防治心血管疾病　紫菜薹适合甲状腺肿大、水肿、慢性支气管炎、咳嗽、瘿瘤、淋病、脚气、高血压、肺病初期、心血管病和各类肿块、增生的患者食用。

五、栽培技术

紫菜薹适应性较广，对温度和光照长短要求都不太严格。对土壤适应性较强，宜于土质疏松肥沃、有机质含量较高的壤土地块栽培。较耐肥水，不耐干旱，生育期间要求较充足的肥水条件。

1. 品种选择

早熟型：不耐寒，较耐热，适于夏季栽培。又分圆叶，尖叶两类品种。品种有大股子、尖叶红油菜薹、华中农大8802、9001、十月红等。

中熟型：耐热性不及晚熟型，耐寒性不及早熟型。品种有二早子红油菜薹、华中农大8801等。

晚熟型：耐热性较差，耐寒性较强，腋芽萌发力较弱，侧薹较少。品种有胭脂红、一窝丝等。

2. 培育壮苗

育苗播种时间要根据市场需求和当地气候条件确定，可春季育苗、晚夏育苗、晚秋育苗。育苗多为苗床育苗，有条件的，采取穴盘无土育苗技术，穴盘可用72～128孔穴盘，苗龄25～30d，5片真叶时移栽。

3. 定植

定植密度为行株距（45～50）cm×（20～30）cm。

4. 整地施肥与肥水管理

紫菜薹生长期长，菜薹延续采收时间较长，菜薹要求鲜嫩，所以在施肥上应基肥与追肥并重。定植前每667m^2可施腐熟的有机肥2000～3000kg，定植缓苗后要及时追肥，以促进幼苗生长。以后在叶片旺盛生长和菜薹不断形成期要追肥充足。菜薹形成期还需保持比较湿润的环境，土壤过干，不但降低产量和品质，还易发生病毒病；过湿，则易感染软腐病。入冬前，要控制肥水，以免生长过旺，易受寒害。

5. 采收

主薹抽出后现蕾期，即主薹生长到30～40cm，初花始现时采收。主薹采收时基部留3～4节割取，切口稍倾斜，以便采收侧薹，以二、三侧薹质量为最好。

6. 主要病虫害及其防治

紫菜薹主要病害有霜霉病、软腐病、菌核病、病毒病，应及时防治。

第十七节　结球紫菊苣

一、简介

结球红菊苣（*Cichorium intybus*），又名意大利菊苣，为菊科菊苣属多年生草本植物，起源于地中海沿岸中亚和北非，欧美国家普遍种植，有软化菊苣和结球菊苣两种类型，颜色鲜艳，营养丰富，以其脆嫩的口感、微苦带甜的味道、适宜鲜食的特点，在蔬菜中占有独特的地位。

结球红菊苣每667m^2产量一般1000～2000kg，单球重0.25～0.5kg，最大可达2kg。

二、营养分析

每100g鲜菜含热量17kcal，碳水化合物3.4g，脂肪0.2g，蛋白质1.3g，钙52mg，铁0.8mg，磷28mg，钾314mg，钠22mg，铜0.1mg，镁15mg，锌0.79mg，镁15mg，锰0.42mg，维生素A 205μg，维生素C 7mg。

三、药用功效

性味归经：辛、苦，凉。入胃、大肠、肝经。

功能主治：清热解毒，消痈排脓，活血行瘀。

具有开胃、清肝利胆之功效。

四、食疗作用

结球红菊苣主要用于鲜食，洗净后掰下叶片蘸酱生食，或切成细丝拌沙拉。苦味稍浓，但是在用橄榄油烤制之后，就会变得醇香可口。

（1）镇静作用　结球红菊苣所含皂苷为其有效成分，有明显的镇静作用。

（2）保肝利胆作用　结球红菊苣具有抗肝炎病毒、使肝细胞炎症消退和毛细胆管疏通作用；还有促进肝细胞再生、防止肝细胞变性、改善肝功能的作用。

五、栽培技术

1. 栽培季节与栽培方式

（1）秋季露地栽培　秋季露地栽培是结球红菊苣的主要栽培方式。选用早、中熟品种，如秋日、印地欧等，华北地区一般7月中旬播种，8月中旬定植，10月陆续采收。播种过早，则结球早，由于温度高，叶球颜色往往不红，应该使结球期处于9月下旬至10月份。

（2）冬季日光温室栽培　8月播种，9月定植，翌年1—2月份采收。

2. 整地、施肥、做畦

选择土质疏松、有机质含量丰富的壤土为宜。每667m^{2}施腐熟有机肥2000～4000kg、三元复合肥50kg，与土壤混匀，平整地面，做成宽1.3m、长8～10m的平畦即可。

3. 培育壮苗

根据不同栽培季节，采用不同的设施、方式进行育苗，保证白天温度24～28℃，夜间15℃以上。一般播后4d左右出苗，30d左右成苗。每667m^{2}用种量20g左右。

4. 定植

幼苗5～7片叶时即可定植。定植株行距依品种和栽培季节而有差异，早熟品种定植株行距33cm见方，中晚熟品种40cm见方。

5. 田间管理

定植后浇定植水，5～7d后浇缓苗水，缓苗水后中耕锄草1次；为促进莲座期叶片生长，适当追施1次氮肥，每667m^{2}施尿素10kg；结球期加强水肥管理，视天气情况每隔10d左右浇水施肥1次，每次每667m^{2}施氮、钾肥10～15kg；追肥氮∶钾应按1∶2的比例施用。

6. 采收

早熟品种一般在定植后60d、叶球紧实后收获。过早采收，叶球比较松散，达不到商品要求，而且影响产量；延迟采收，会发生烂球或抽薹而失去商品性。

7. 主要病虫害及其防治

结球红菊苣基本无病虫害发生。

第十八节 紫芦笋

一、简介

芦笋（*Asparagus officinalis*），又称石刁柏，为百合科天门冬属多年生宿根雌雄异株草本植物，原产地中海沿岸，17世纪传入美洲，18世纪传入日本，20世纪初传入中国。我国从清代开始栽培芦笋，仅100余年历史，从1984年开始，中国福建、河南、陕西、安徽、四川、天津等地大规模发展芦笋生产。到90年代初，全国栽培面积达6.6万hm^{2}以上，成为中国出口创汇的主要蔬菜产品之一。

芦笋是世界十大名菜之一，在国际市场上享有“蔬菜之王”的美称。

紫芦笋，也就是美国水果型甜紫芦笋，是一种非常名贵的蔬菜，它是唯一一种能生吃的芦笋类蔬菜，是首选的防癌、抗癌食品，畅销于美国、英国、法国、意大利、日本、东南亚等国家和地区。

二、营养分析

芦笋嫩茎中含有丰富的蛋白质、维生素、矿物质和人体所需的微量元素等，另外芦笋中含特有的天冬酰胺及多种甾体皂苷物质，对心血管病、水肿、膀胱炎、白血病均有疗效，还有抗癌的效果，因此长期食用芦笋有益脾胃，对人体许多疾病有很好的治疗效果。芦笋富含多种氨基酸、蛋白质和维生素，其含量均高于一般水果和蔬菜。

芦笋的营养价值很高，每100g鲜芦笋中，热量10.9kJ，含蛋白质2.5g，脂肪2g，碳水化合物5g，膳食纤维0.7g，钙22mg，铁1mg，磷62mg，钾280mg，钠2mg，铜0.04mg，镁20mg，铜0.04mg，维生素A 90mg，维生素

B_1 2mg，维生素 B_2 0.02mg，维生素 B_5 1.5mg，维生素 B_6 0.1.5mg，维生素 C 3mg。

三、药用功效

性味：甘，寒。

功用主治：治热病口渴，淋病，小便不利。

《本草图经》：味小苦。

《日用本草》：味甘，寒，无毒。治膈寒客热；止渴，利小便，解诸鱼之毒。

《本草纲目》：解诸肉毒。

《玉楸药解》：清肺止渴，利水通淋。

据有关专家研究、验证，芦笋对高血压、心脏病、心动过速、疲劳、水肿、膀胱炎、排尿困难等症均有一定疗效。近年来，美国学者发现芦笋具有防止癌细胞扩散的功能，对淋巴肉芽肿瘤、膀胱癌、肺癌、皮肤癌以及肾结石等均有特殊疗效。

现代医学证明，芦笋中的天冬酰胺对人体有许多特殊的生理作用，能利小便，对心脏病、水肿、肾炎、痛风、肾结石等都有一定疗效，并有镇静作用。天冬酰胺及其盐类还可增强人的体力，消除疲劳，可治全身倦怠、食欲缺乏、蛋白代谢障碍、肝功能障碍、尼古丁中毒、动脉硬化、神经痛、神经炎、低钾症、湿疹、皮炎、视力疲劳、听力减弱及肺结核等病。芦笋中还含有对治疗高血压、脑出血等有效的芦丁、甘露聚糖、胆碱以及精氨酸等。芦笋可以治疗白血病已被世界公认。

四、食疗作用

（1）增强机体免疫能力　芦笋含有的天冬酰胺对人体有许多特殊的生理作用，水解生成天冬氨酸，可改善机体代谢，消除疲劳，增强体力，夏季食用有清凉降火的作用，有助于消暑解渴。

（2）对多种类型的癌症都有辅助疗效　芦笋能抑制异常细胞的生长，这主要是由于其所含丰富的组蛋白能使细胞正常生长，并具有防止癌细胞扩散的功能。

（3）对心脏疾病、动脉硬化、低钾症和缺钠、镁等症有较好的理疗功效，是世界公认的“高档保健蔬菜”和“第一抗癌果蔬”。

（4）可促进胃肠蠕动，排除毒素、帮助消化、增进食欲，且有预防、治疗血管疾病的作用。芦笋还可以改变体内酸性环境，达到酸碱平衡的作用，有利于人体对营养的均衡吸收，避免和减轻酸性物质对人体的伤害。

五、栽培技术

1. 培育壮苗

一般4—6月播种育苗，种子需要特殊处理，即用25～28℃水浸泡2d，每天早晚各水洗一次（搓洗），同时换水，并进行催芽处理，播在10cm直径营养钵内，也可以播种在苗床内。播种后10～15d齐苗，苗龄30d、苗高15～20cm、地上茎达3根以上时定植。

2. 定植

芦笋定植后，可连续收获10～15年。因此要选择土层深厚、土质肥沃、有灌溉条件、通透性良好的沙壤土。定植前施足农家肥，要求每667m^2施入5000kg，分撒施和沟施两种方式施入。整地时，按行距1.5m打直线挖沟，沟宽40～50cm，深30～40cm，沟内施入农家肥后，再施入氮、磷、钾三元复合肥每667m^2 50kg，并使农家肥、化肥和土壤充分混合，随后将幼苗地下茎着生鳞芽的一端顺沟向排列，株距30cm，然后覆土，覆土分两次进行，第1次厚5cm，并浇透水，过10d左右进行第2次复土，使根茎盘离地面10cm，并覆盖地膜。

3. 田间管理

（1）定植当年的管理　芦笋定植当年生长缓慢，行间空地较大，可适当间种一些矮生作物，如花生、绿豆、地豆、薯类等，也可间种箭舌豌豆等一年生矮杆绿肥作物，以提高土地利用率和光能利用率。芦笋缓苗后追1次壮苗肥，每667m^2复合肥15kg左右，以后根据生长情况再追肥1～2次，但霜前两个月停止追肥，以防徒长。夏季高温干旱时及时灌水，生长期间及时中耕除草，适时培土，雨季到来之前填平定植沟。土壤封冻前浇1次结冻水，当植株地上部分全部枯死后，将茎叶全部割除，清洁地面，然后培土2～5cm，以利保温越冬。定植当年和第2年不采收，以培养壮株。

（2）第2年的管理　春季干旱，要及时浇水，浇水后及时中耕保墒和除草，并注意病虫害的防治。夏、秋季的管理同定植当年。

（3）第3年及以后的管理　芦笋定植后第3年进入采收期。为获得高产，在生产中要加强管理，管理的重点是追肥、浇水、培土和病虫害防治。

①追肥。采收前15d追第1次肥，每667m^2追复合肥10～15kg，采收后结合培土追第2次肥，每667m^2追复合肥15～20kg，8月份秋苗旺盛生长时追第3次肥。每年入冬前施一次农家肥，每667m^2施入3000kg，方法是离植株根部5cm开沟条施。

②浇水。采收期每 10～15d 浇水 1 次，高温干旱时适当增加浇水次数，每年土壤封冻前浇 1 次结冻水。

③培土。为获得鲜嫩、洁白、柔嫩、美观的嫩茎，一般在春季芦笋萌发前 10～15d 进行培土，培土前清洁田园，并结合追肥。培土的宽度从定植后第 3 年为 16～20cm，第 4 年以后从 23～26cm 逐渐扩大到 33～36cm，培土的厚度以地下茎埋入地下 25～30cm 为准。采笋结束后，应将培土扒开，使地面恢复到未培土前的高度，保持地下茎在地表下约 15cm 处。北方寒冷地区冬季培土，可提高地温和土壤含水量，使芦笋安全越冬且有利于改善产品品质和提高产量。

④覆盖地膜。早春可用黑色地膜覆盖畦面，地膜覆盖不但提高了前期地温，而且还保持了土壤湿度，同时还能造成抽生的幼芽不见光面而呈白色柔嫩状态，减少了培土，降低了劳动强度，可使芦笋增产 15% 以上。

4. 采收

定植后第 3 年即可以少量采收，以后逐年提高产量，第 4 年进入采收高产期。每年当地温稳定在 10℃ 以上时，即进入采笋期，北方一般在 4 月中旬开始采笋。采收绿笋时，栽培中可不必培土，在定植后第 2 年即可采收少量嫩茎，当茎高 21～24cm，齐土面割下即可。采笋时，应注意刀具清洁，防止切口感染，切口要倾斜，防止雨水、露水停在刀口表面造成感染。春季第 1 次采收采取“剃光头”的办法，即一次性全部割掉，以后分期分批采收。

5. 主要病虫害及其防治

主要病害为枯萎病、褐斑病、茎腐病；主要虫害为蚜虫、十四点负泥虫，应及时防治。

第十九节 紫根芥菜

一、简介

芥菜（*Brassica napiformis*），十字花科芸薹属一年生或二年生草本植物，是中国著名的特产蔬菜，欧洲、美洲等国家极少栽培。起源于亚洲，中国南北各地均以秋播为主。长江流域及西南、华南各地于冬季或次春收获，北方于霜冻前收获。品种有叶用芥菜（如雪里蕻）、茎用芥菜（如榨菜）和根用芥菜三类。腌制后有特殊的鲜味和香味。种子有辣味，可榨油或制芥末。

紫根芥菜，是根用芥菜的一种。

二、营养分析

芥菜含丰富的蛋白质、氨基酸、维生素、纤维素、铁、锌、钙、磷等多种人体所需的微量元素，每100g鲜品中含热量33kcal，膳食纤维1.4g，蛋白质1.9g，脂肪0.2g，碳水化合物6g，钙65mg，铁0.8mg，磷36mg，钾243mg，钠65.6mg，镁19mg，锌0.39mg，硒0.95μg，锰0.15mg，维生素B_1 0.02mg，维生素B_2 0.06mg，维生素B_5 0.6mg，维生素C 34mg，维生素E 0.2mg，胡萝卜素0.9μg。

芥菜含有硫代葡萄糖苷，经水解后产生挥发性的异硫氰酸化合物、硫氰酸化合物及其衍生物，具有特殊的风味和辛辣味。

三、药用功效

性味：气味辛，温，无毒。

归经：入肺、胃、肾经。

功效：宣肺豁痰，温中利气，解毒消肿，开胃消食，温中利气，明目利膈。

主治：归鼻，除肾经邪气，利九窍，明耳目，安中，久食温中。止咳嗽上气，除冷气。主咳逆下气，去头面风。通肺豁痰，利嗝开胃。

现代医学认为：性温味辛，入肺、胃、肾经。芥菜宣肺豁痰，温中利气，解毒消肿，开胃消食，温中利气，明目利膈。主治寒饮咳嗽、痰滞气逆、胸膈满闷、砂淋、石淋、牙龈肿烂、乳痈；痔肿、冻疮、漆疮、咳嗽痰滞、胸膈满闷、疮痈肿痛、耳目失聪、牙龈肿烂、寒腹痛、便秘等症，并具有下气消食、利尿除湿、解毒消肿之功效。

四、食疗作用

（1）提神醒脑　芥菜含有丰富的维生素A、B族维生素、维生素C和维生素D。有提神醒脑功效。芥菜含有大量的抗坏血酸，是活性很强的还原物质，参与机体重要的氧化还原过程，能增加大脑中氧含量，激发大脑对氧的利用，有提神醒脑，解除疲劳的作用。

（2）解毒消肿　能抗感染和预防疾病的发生，抑制细菌毒素的毒性，促进伤口愈合，可用来辅助治疗感染性疾病。

（3）明目利膈、宽肠通便　因为芥菜组织较粗硬、含有胡萝卜素和大量食用纤维素，故有明目与宽肠通便的作用，可作为眼科患者的食疗佳品，还可防治便秘，尤宜于老年人及习惯性秘者食用。

(4) 助消化　芥菜还有开胃消食的作用，因为芥菜腌制后有一种特殊鲜味和香味，能促进胃、肠消化功能，增进食欲，可用来开胃，帮助消化。

五、栽培技术

1. 整地施肥

前作收获后，每 $667m^2$ 施农家肥 3000kg 以上，并施入适量的磷钾化肥，然后深翻 20～30cm，整地后作成高畦或起垅。

2. 播种

华北地区露地栽培一般于 7 月下旬至 8 月上旬播种，多为直播，也可育苗移栽。直播一般进行穴播，行株距 40cm×30cm，1 穴播种 3～4 粒种子，留苗 1 株，每 $667m^2$ 播种量 100～150g。育苗移栽的，多为苗床育苗，比直播的早 7～8d 播种，也按行株距 40cm×30cm 密度移栽。

3. 田间管理

根用芥菜，播种后 3～5d 齐苗，出苗后 7～10d 间苗，15d 后定苗。当幼苗进行快速生长期轻施壮苗肥，并配合浇水；肉质根进入膨大期进行第 2 次追肥，并配合浇水；后期浇水 2～3 次。

4. 采收

当基部叶已枯黄、根头部由绿色转黄色时开始收获，收获后用刀齐头割去茎叶、削去侧根，用于贮藏或加工。

5. 主要病虫害及其防治

紫根芥菜病害有病毒病、黑斑病，虫害有菜青虫、地蛆、蚜虫等，采取农业防治、物理防治、生物防治、化学防治进行综合防治。

第二十节　紫心大萝卜

一、简介

大萝卜（*Raphanus sativus*），又称莱菔，为十字花科萝卜属一年生或二年生草本蔬菜，根肉质，长圆形、球形或圆锥形。大萝卜原产我国，各地均有栽培，品种极多，常见有红萝卜、青萝卜、白萝卜、水萝卜和紫心大萝卜（心里美）等。根供食用，为我国主要蔬菜之一；种子含油 42%，可用于制肥皂或作润滑油。种子、鲜根、叶均可入药，能下气消积。生萝卜含淀粉酶，能助消化，我们食用的部分是根部。

我国栽培的萝卜在植物学上统称为中国萝卜，自古就盛行，明代时已遍及全国。多年以来形成了许多优良品种，其中东北绿星大红萝卜、天津青萝卜就是地方优良品种之一。

紫心大萝卜汁液中存在一种色素，称为花青素，是一类水溶性色素，在酸性溶液中颜色偏红，而在碱性环境中则呈紫蓝色。

二、营养分析

大萝卜（鲜）每100g中含热量21kcal，膳食纤维1g，碳水化合物5g，蛋白质0.9g，脂肪0.1g，钙36mg，铁0.5mg，磷26mg，钾173mg，钠61.8mg，铜0.04mg，镁16mg，锌0.3mg，硒0.61μg，维生素A 3mg，维生素B_1 0.03mg，维生素B_2 0.02μg，维生素C 21mg，维生素E 0.92mg，胡萝卜素20mg。

根含糖类，主要是葡萄糖、蔗糖和果糖。各部分含有香豆酸、咖啡酸、阿魏酸。

三、药用功效

性味：性平，味辛、甘。

归经：入脾、胃经。

功效：消积滞、化痰止咳、下气宽中、解毒。

主治：食积胀满、痰嗽失音、吐血、衄血、消渴、痢疾、偏头痛等，用于消渴口干；鼻衄，咯血；痰热咳嗽，咽喉痛，失音；痢疾或腹泻，腹痛作胀；脾胃不和，饮食不消，反胃呕吐；热淋，石淋，小便不利或胆石症。

中医认为，萝卜有消食、化痰定喘、清热顺气、消肿散淤之功能。大多数幼儿感冒时出现喉干咽痛、反复咳嗽、有痰难吐等上呼吸道感染症状。多吃点爽脆可口、鲜嫩的萝卜，不仅开胃、助消化，还能滋养咽喉，化痰顺气，有效预防感冒。

近年有研究表明，萝卜所含的纤维木质素有较强的抗癌作用，生吃效果更好。

四、食疗作用

大萝卜含有能诱导人体自身产生干扰素的多种微量元素，可增强机体免疫力，并能抑制癌细胞的生长，对防癌，抗癌有重要意义。萝卜中的芥子油和膳食纤维可促进胃肠蠕动，有助于体内废物的排出。常吃萝卜可降低血脂、软化血管、稳定血压、预防冠心病、动脉硬化、胆石症等疾病。

（1）增强机体免疫力　萝卜含有能诱导人体产生干扰素的多种微量元素，

可增强机体免疫力。

（2）促进肠胃蠕动　萝卜中的 B 族维生素，钾、镁等矿物质以及芥子油和精纤维可促进肠胃蠕动，有助于体内废物的排除。

（3）软化血管　吃萝卜可降血脂、软化血管、稳定血压，预防冠心病、动脉硬化、胆结石等疾病。

（4）消积滞、解毒　萝卜还是一味中药，其性良味甘，可消积滞、化痰清热、下气宽中、解毒。

（5）治痛风　东北红萝卜能够有效调节体内酸碱平衡，所以对痛风患者十分有利。

（6）减肥　大萝卜所含热量较少，纤维素较多，这些都有助于减肥。

（7）防癌抗癌　萝卜能诱导人体自身产生干扰素，增加机体免疫力，并能抑制癌细胞的生长，对防癌、抗癌有重要作用。所含的维生素 C、胡萝卜素能阻止致癌物亚硝胺的合成。

五、栽培技术

1. 选择地块

大萝卜的前茬宜选择施肥多而消耗养分少的菜地，最好是黄瓜、甜瓜等，其次是马铃薯、豆类等蔬菜和小麦、玉米等粮食作物，不宜与十字花科蔬菜如白菜、菜花等连作。

2. 整地施肥

一般深耕 25 ~ 35cm，要求土地平整，底肥以有机肥为主，施底肥应结合整地进行，每 667m^2 施腐熟圈肥 3000 ~ 4000kg。

3. 播种

北京地区 7 月下旬到 8 月上旬播种，10 月下旬到 11 月上旬收获。

采用直播法，把种子点播或条播在垄上，播种深度约为 1 ~ 1.5cm。

4. 田间管理

子叶展开时，进行一次间苗，出现第 2 ~ 3 片真叶时，进行第二次间苗并定苗，然后进行中耕除草。追肥一般进行 2 次，第一次在直根根部开始膨大时，以速效氮肥为主，配合磷钾肥；第二次在第一次追肥后 20d 左右，结合浇水 667m^2 追尿素 7.5 ~ 10kg。生长后期必须充分供应水分，保持土壤经常湿润，一般无降水须 7 ~ 8d 浇一次水，到收获前 5d 停止浇水。

5. 主要病虫害及其防治

大萝卜常见的病害主要有软腐病、霜霉病等，常见的虫害有蚜虫和菜青虫等，应及时防治。

第二十一节 紫色胡萝卜

一、简介

胡萝卜（*Daucus carota*），又称红萝卜、黄萝卜、番萝卜、丁香萝卜，是伞形科胡萝卜属二年生草本植物，通常为一年生，以肉质根作蔬菜食用。原产亚洲西南部，阿富汗为最早的演化中心，地中海地区早在公元前就已栽培胡萝卜，公元10世纪从伊朗引入欧洲大陆，15世纪见于英国，发展成欧洲生态型；16世纪传入美国。约在13世纪，胡萝卜从伊朗引入中国，发展成中国生态型，并于16世纪从中国传入日本。我国栽培甚为普遍，以山东、河南、浙江、云南等省种植最多，品质亦佳，秋冬季节上市。

紫色胡萝卜是一种常见的蔬菜，与一般的胡萝卜特性、特征基本相同，果实颜色为紫色的胡萝卜营养价值高，紫色胡萝卜被认为对健康更有益。

紫色胡萝卜富有氧化特性的花色甙色素。专家们认为，花色甙色素能预防心血管疾病和某些癌症。紫色胡萝卜中含有的胡萝卜素比普通胡萝卜丰富，这些胡萝卜素摄入人体后，就可以转变成维生素A，不仅具有补肝明目的作用，还可以治疗夜盲症。

紫色胡萝卜原是我国传统农家品种，20世纪50、60年代北方地区种植比较普遍，因产量偏低、口感不佳逐渐被黄色胡萝卜所替代。另据有关资料证实，最近几年韩国已培育出紫色胡萝卜新品种。

二、营养分析

胡萝卜是一种质脆味美、营养丰富的家常蔬菜，素有“小人参”之称。胡萝卜富含糖类、脂肪、挥发油、胡萝卜素、维生素A、维生素B_1、维生素B_2、花青素、钙、铁等营养成分。

每100g胡萝卜中，含热量38kcal，膳食纤维1.1g，蛋白质1.0g，脂肪0.3g，碳水化合物7.6g，钙65mg，铁0.4mg，磷20mg，钾232mg，钠105mg，铜0.03mg，镁7mg，锌0.14mg，硒2.8μg，维生素A 802μg，维生素B_1 0.04mg，维生素B_2 0.03mg，维生素B_6 0.11mg，维生素C 12mg，维生素E 0.5mg，维生素K 3μg。另含果胶、淀粉、无机盐和多种氨基酸。各类品种中尤以深橘红色胡萝卜素含量最高。

三、药用功能

性味：味甘，性平。

归经：入肺、脾经。

功用：健脾消食、补肝明目、清热解毒、透疹、降气止咳。

主治：用于小儿营养不良、麻疹、夜盲症、便秘、高血压、肠胃不适、久痢、饱闷气胀等。

《饮膳正要》：味甘，平，无毒。润肾命，壮元阳，暖下部，除寒湿。

《医林纂要》：生微辛苦，熟则纯甘。

《本草摘要》：入手、足阳明经。

《日用本草》：味甘辛，无毒。宽中下气，散胃中邪滞。

《本草纲目》：下气补中，利胸膈肠胃，安五脏，令人健食。

《岭南采药录》：凡出麻痘，始终以此煎水饮，能清热解毒，鲜用及晒干用均可。

《现代实用中药》：治久痢。

《本草求真》：胡萝卜，因味辛则散，味甘则和，质量则降。故能宽中下气，而使肠胃之邪与之俱去也。但书中又言补中健食，非是中虚得此则补，中虚不食得此则健，实是邪去而中受其补益之谓耳。

四、食疗作用

（1）益肝明目　胡萝卜含有大量胡萝卜素，这种胡萝卜素的分子结构相当于 2 个分子的维生素 A，进入机体后，在肝脏及小肠黏膜内经过酶的作用，其中 50% 变成维生素 A，有补肝明目的作用，可治疗夜盲症。

（2）利膈宽肠　胡萝卜含有植物纤维，吸水性强，在肠道中体积容易膨胀，是肠道中的“充盈物质”，可加强肠道的蠕动，从而利膈宽肠，通便防癌。

（3）健脾除疳　维生素 A 是骨骼正常生长发育的必需物质，有助于细胞增殖与生长，是机体生长的要素，对促进婴幼儿的生长发育具有重要意义。

（4）增强免疫功能　胡萝卜素转变成维生素 A，有助于增强机体的免疫功能，在预防上皮细胞癌变的过程中具有重要作用。胡萝卜中的木质素也能提高机体免疫机制，间接消灭癌细胞。

（5）降糖降脂　胡萝卜含有降糖物质，是糖尿病人的良好食品；其所含的某些成分，如槲皮素、山柰酚能增加冠状动脉血流量，降低血脂、促进肾上腺素的合成，还有降压，强心作用，是高血压、冠心病患者的食疗佳品。

五、栽培技术

1. 播种

播种前整地施肥，每667m^{2}施充分腐熟的农家肥3000kg，随后深耕耙细，整平后做畦。播种多采用条播，在畦内按15～20cm的行距开沟，沟深2cm左右，在沟内播种，播种要均匀，播后用扫帚轻轻将播在外面的种子扫入沟内，再耙平，最后用脚踩一遍再浇水，在喷施新高脂膜800倍液保温保墒，防止土壤结板，提高出苗率。

2. 田间管理

（1）苗期管理　从播种到出苗要求保持土壤湿润，一般要浇3次水。在幼苗1～2片叶时，及时间苗，株距3cm，并在行间浅锄；在幼苗4～5片叶时，适时定苗，定苗后进行第二次中耕除草，中耕要浅，以免伤根。在苗期要酌情浇水，使地表见干见湿。

（2）肥水管理　幼苗7～8片叶时，应适当控制浇水，加强中耕松土，促使主根下伸和须根发展，并防止植株徒长；在秋胡萝卜肉质根长到手指粗时，要控制好水分供应；秋胡萝卜生长中后期，在施足底肥的基础上进行分期追肥，以追施速效性肥料为宜，全生长期追肥3次，每15d追施一次。第一次追肥在“破肚期”，每667m^{2}追施氮磷钾复合肥15～20kg，以结合浇水；后两次施肥量、方法与第一次相同。

3. 采收

霜冻前收获，收获时尽量减少破损。

4. 主要病虫害及其防治

紫色胡萝卜基本无病虫害发生。

第二十二节　紫色洋葱

一、简介

洋葱（*Allium cepa*），又名球葱、圆葱、玉葱、葱头、荷兰葱，为百合科葱属二年生草本植物。有关洋葱的原产地说法很多，但多数认为洋葱产于亚洲西南部中亚细亚、小亚细亚的伊朗、阿富汗的高原地区。公元前1000年传到埃及，后传到地中海地区，16世纪传入美国，17世纪传到日本，20世纪初传入我国。

洋葱在我国分布很广，南北各地均有栽培，而且种植面积还在不断扩大，是目前我国主栽蔬菜之一。我国已成为洋葱生产量较大的四个国家（中国、印度、美国、日本）之一。我国的种植区域主要是山东、甘肃、内蒙古、新疆等地。

洋葱有紫皮、黄皮、白皮三个品种。紫色洋葱除含有普通洋葱的营养物质外，其表皮中还含有花青素，具有很好的抗衰老功能。

二、营养分析

洋葱以肥大的肉质鳞茎为食用器官，营养丰富。据测定，每100g鲜洋葱头含热量39kcal，蛋白质1.1g，脂肪0.2g，碳水化合物9g，膳食纤维0.9g，钙24mg，铁0.6mg，磷39mg，钾147mg，钠4.4mg，铜0.05mg，镁15mg，锌0.23mg，硒0.92μg，锰0.14mg，维生素A3μg，维生素B_1 0.08mg，维生素B_2 0.05mg，维生素C 8.00mg，维生素E 0.14mg，胡萝卜素1.2mg。此外还含有咖啡酸、芥子酸、桂皮酸、柠檬酸盐、多糖和多种氨基酸。挥发油中富含蒜素、硫醇、三硫化物等。其花蕾、花粉、花药等均含胡萝卜素。

三、药用功效

性味：味甘、微辛、性温。

归经：入肝、脾、胃、肺经。

功效：润肠，理气和胃，健脾进食，发散风寒，温中通阳，消食化肉，提神健体，散瘀解毒。用于饮食减少，腹胀或腹泻。现代又用于高血压病，高血脂病。

主治：外感风寒无汗、鼻塞、食积纳呆、宿食不消、高血压、高血脂、痢疾等症。可治肠炎、虫积腹痛、赤白带下等病症。

现代医学认为，洋葱所含前列腺素A，具有明显降压作用，所含甲磺丁脲类似物质有一定降血糖功效，能抑制高脂肪饮食引起的血脂升高，可预防和治疗动脉硬化症。洋葱提取物还具有杀菌作用，可提高胃肠道张力、增加消化道分泌作用。洋葱中有一种肽物质，可减少癌的发生率。

四、食疗作用

（1）调节神经，增强记忆　洋葱含有抗血小板凝聚的物质，能够稀释血液，改善大脑供血，对消除大脑疲劳和供血紧张大有益处，每天吃半个洋葱可以起到良好的健脑效果。

（2）预防感冒、促进消化　因为洋葱鳞茎和叶子含有一种称为硫化丙烯的油脂性挥发物，具有辛辣味，这种物质能抗寒，抵御流感病毒，有较强的杀菌作用，能刺激胃、肠及消化腺分泌，增进食欲，促进消化，且洋葱不含脂肪，其精油中含有可降低胆固醇的含硫化合物的混合物，可用于治疗消化不良、食欲不振、食积内停等症状。

（3）降低血压　洋葱是唯一含前列腺素A的植物，是天然的血液稀释剂，前列腺素A能扩张血管、降低血液黏度，因而可降血压，能减少外周血管和增加冠状动脉的血流量，预防血栓形成。对抗人体内儿茶酚胺等升压物质的作用，又能促进钠盐的排泄，从而使血压下降，经常食用对高血压，高血脂和心脑血管病人都有保健作用。

（4）降低血糖　洋葱中含有一种抗糖尿病化合物，类似常用的口服降血糖剂甲磺丁胺，具有刺激胰岛素合成及释放的作用。糖尿病患者每餐食洋葱25～50g能起到较好的降低血糖和利尿的作用。

（5）治疗哮喘　洋葱含有至少三种抗炎的天然化学物质，可以治疗哮喘。由于洋葱可以抑制组胺的活动，而组胺正是一种会引起哮喘过敏症状的化学物质；洋葱可以使哮喘的发作概率降低50%左右。

五、栽培技术

1. 品种选择

目前我国推广种植的紫色洋葱的品种主要有北京紫皮、甘肃紫皮、福建紫皮等。

2. 培育壮苗

（1）播种期　华北大部分地区一般在8月10—20日播种，掌握苗龄50～60d。

（2）苗床准备　选择地势较高、排灌方便、土壤肥沃、近年来没有种过葱蒜类作物的田块，每100m^{2}苗床施有机肥300kg，过磷酸钙5～10kg，然后耙平耕细，做成宽1.5～1.6m，长7～10m的畦，即可播种育苗。

（3）播种方法　一般有条播和撒播两种。

（4）播种量　一般每100m^{2}的苗床面积播种子600～700g，苗床面积与栽植大田的比例为1∶15～1∶20。

（5）苗期管理　一般在播种前浇足底水的，播种后一般不浇水，到苗高2～4cm时及时浇水，结合浇水进行追肥，每667m^{2}氮素化肥10～15kg，及时除草，并进行间苗，撒播的保持苗距3～4cm，条播的约3cm左右。

3. 定植

（1）整地施肥　洋葱不宜连作，耕地要求精细，结合耕地施好基肥，一般每667m^{2}施优质的腐熟厩肥2000kg，再混入过磷酸钙16～20kg和适量钾肥，耕地后即行耙平做畦，做成宽2m、长10m左右的宽畦。

(2) 定植密度 一般行距15～18cm，株距10～13cm，每667m^2可栽植3万株左右。

(3) 定植时间 华北地区以2月下旬至3月中旬定植为宜。定植前覆盖地膜，然后定植。

(4) 肥水管理 洋葱缓苗后即进入快速生长期，每667m^2施尿素15kg、硫酸钾5kg。结束蹲苗开始浇水，以后一般每隔8～9d浇一次水，使土壤见干见湿，采收前7～8d要停止浇水。

4. 采收

洋葱采收一般在5月底至6月上旬，洋葱采收后要在田间晾晒2～3d。直接上市的可削去根部，并在鳞茎上部假茎处剪断，即可装筐出售；如需贮藏的洋葱，则不去茎叶，放在通风、阴凉、干燥的地方贮藏。

5. 主要病虫害及其防治

洋葱常见的病害有霜霉病、紫斑病、萎缩病、软腐病等，常见的虫害有种蝇、蓟马、红蜘蛛、蛴螬、蝼蛄等。在进行田间管理时，要细心观察各种病虫害的发生情况，发现病虫危害，要及时购药防治，采取物理、生物、化学防治相结合的方法进行防治。

第二十三节 紫皮大蒜

一、简介

大蒜（*Allium sativum*），百合科葱属多年生草本植物。地下鳞茎分瓣，按皮色不同分为紫皮种和白皮种。辛辣，有刺激性气味，可食用或供调味，亦可入药。大蒜在西汉时从西域传入我国，经人工栽培繁育，深受大众喜食。

紫皮大蒜以其蒜瓣肥大、汁多、辛辣、气味浓郁、捣烂成泥放置不变味而颇负盛名。不仅是营养丰富、鲜美可口的调味佳品，其蒜苗、蒜薹也是人们喜食的良好蔬菜。蒜头含大量挥发性葱蒜杀菌素、蒜辣素，药用价值极高。现代医学证明，紫皮大蒜有抗菌、消炎、健胃、驱虫、降压等功能，可用于预防流行感冒、流行性脑膜炎、治疗肺结、痢疾、消化不良、肠炎等病。据研究，紫皮大蒜还具有提高人体自身免疫能力和防癌、抗癌的作用。

二、营养分析

大蒜营养丰富，每100g大蒜含热量126kcal，蛋白质4.5g，脂肪0.2g，碳水化合物27.6g，膳食纤维1.1g，钙39mg，铁1.2mg，磷117mg，钾302mg，钠19.6mg，铜0.22mg，镁21mg，锌0.88mg，硒3.09μg，锰0.29mg，维生素A 5μg，维生素B_1 0.04mg，维生素B_2 0.06mg，维生素B_6 1.5mg，维生素C 7mg，维生素E 1.07mg，胡萝卜素30μg。

蒜中含有“蒜胺”，这种物质对大脑的益处比维生素B还强许多倍。平时让儿童多吃些葱蒜，可使脑细胞的生长发育更加活跃。

三、药用功效

性味：辛，温，有毒。

归经：入脾、胃、肺经。

功用：解毒杀虫，消肿止痛，止泻止痢，治肺痨，顿咳，驱虫，此外还有温脾暖胃。

主治：治痈疽肿毒，白秃癣疮，痢疾泄泻，肺痨顿咳，蛔虫蛲虫，饮食积滞，脘腹冷痛，水肿胀满。行气消积，杀虫解毒。用于感冒、菌痢、阿米巴痢疾、肠炎、饮食积滞、痈肿疮疡。

《本草纲目》：归脾肾，主霍乱，腹中不安，消谷，理胃温中，治邪痹毒气。入太阴、阳明。

《名医别录》：散痈肿魇疮，除风邪，杀毒气。

《新修本草》：下气，消谷，化肉。

《本草拾遗》：初食不利目，多食却明。久食令人血清，使毛发白。

《随息居饮食谱》：生者辛热，熟者甘温，除寒湿，辟阴邪，下气暖中，消谷化肉，破恶血，攻冷积。治暴泻腹痛，通关格便秘，辟秽解毒，消痞杀虫。外灸痈疽，行水止衄。

《别录》：味辛，温，有毒。

《医林纂要》：辛甘，热。

《本草经疏》：入足阳明、太阴、厥阴经。

现代医学研究证实，大蒜集100多种药用和保健成分于一身，其中含硫挥发物43种，硫化亚磺酸（如大蒜素）酯类13种、氨基酸9种、肽类8种、苷类12种、酶类11种。另外，蒜氨酸是大蒜独具的成分。

四、食疗作用

（1）杀菌　大蒜自古就被当作天然杀菌剂，有“天然抗生素”之称。它没有任何副作用，是人体循环及神经系统的天然强健剂。大蒜中的含硫化合物具有很强的抗菌消炎作用，对多种球菌、杆菌、真菌和病毒等均有抑制和杀灭作用，是目前发现的天然植物中抗菌作用最强的一种。

（2）防治肿瘤和癌症　大蒜中的锗和硒等元素可抑制肿瘤细胞和癌细胞的生长。美国国家癌症组织认为，全世界最具抗癌潜力的植物中，位居榜首的是大蒜。

（3）排毒清肠，预防肠胃疾病　大蒜可有效地抑制和杀死引起肠胃疾病的幽门螺杆菌等细菌、病毒，清除肠胃有毒物质，刺激胃肠黏膜，促进食欲，加速消化。

（4）降低血糖，预防糖尿病　大蒜可促进胰岛素的分泌，增加组织细胞对葡萄糖的吸收，提高人体葡萄糖耐量，迅速降低体内血糖水平，并可杀死因感染诱发糖尿病的各种病菌，从而有效预防和治疗糖尿病。

（5）防治心脑血管疾病　大蒜可防止心脑血管中的脂肪沉积，诱导组织内部脂肪代谢，显著增加纤维蛋白溶解活性，降低胆固醇，抑制血小板的聚集，降低血浆浓度，增加微动脉的扩张度，促使血管舒张，调节血压，增加血管的通透性，从而抑制血栓的形成和预防动脉硬化。每天吃 2～3 瓣大蒜，是降压的较为简易的办法，大蒜可帮助保持体内一种酶的适当数量而避免出现高血压。

（6）减肥。

五、栽培技术

1. 整地作畦

选择肥沃沙壤地块整地作畦，深耕 20cm，同时每 667m^2 施腐熟农家肥 4000kg，然后做成宽 120cm、长 500cm 的平畦。

2. 适时栽种

北京地区一般在霜降前后蒜种下地为宜。栽时先开沟，每畦开 8 趟沟，深 5cm，沟距 10cm，然后将蒜种去皮栽入沟内，株距 10cm，之后覆 2cm 左右厚土。

3. 越冬管理

在 10 月底至 11 月初灌一次封冻水，2～3d 后再在畦面上覆盖一层 6cm 厚草、树叶等防寒物。

4. 田间管理

春季在小苗长出 3～4 片叶之前，不旱不浇水，以尽量提高地温，促苗快长，并进行 2～3 次中耕除草；长出 7～8 片叶时，每隔 7～8d 灌一次水；这时需追一次化肥，每 667m^2 追硫铵 20kg。

5. 采收

一般到 7 月中旬蒜叶枯黄，叶梢变软，即可开始收获蒜头。

6. 主要病虫害及其防治

5月末6月初，适量喷洒两次800倍液敌百虫以防地蛆。

第二十四节 紫色马铃薯

一、简介

马铃薯（*Solanum tuberosum*），又名土豆、洋芋等，茄科多年生草本植物，一年生或一年两季栽培。野生马铃薯原产于南美洲安第斯山一带，被当地印第安人培育。16世纪传入英国，17世纪传播到中国。其块茎可供食用，是重要的粮食、蔬菜兼用作物。

紫色马铃薯，果皮呈黑紫色，乌黑发亮，富有光泽。果肉为深紫色，外观好看，颜色诱惑力强，品质极佳。该品种富含花青素，对致癌物质有抑制作用，还可以增强人体免疫力，延缓衰老，增强体质，保护视力。

紫色马铃薯是集食用、营养、保健、观赏于一身的彩色马铃薯新品种。

二、营养分析

据测定，每100g鲜马铃薯中含热量88kcal，膳食纤维0.3g，蛋白质1.7g，脂肪0.3g，碳水化合物19.6g，钙47mg，铁0.5mg，磷64mg，钾302mg，钠0.7mg，铜0.12mg，镁23mg，锌0.18mg，硒0.78μg，维生素A 5μg，维生素B_1 0.1mg，维生素B_2 0.03mg，维生素B_6 0.18mg，维生素C 6mg，维生素E 0.34mg，胡萝卜素0.01mg。从营养学角度来看，它比大米、面粉具有更多的优点，能供给人体大量的热能。

三、药用功效

《本草纲目》：味甘，辛，寒，有小毒。

马铃薯具有和胃健中、解毒消肿的功效，主治胃痛，痄肋，痈肿，湿疹，烫伤，能补脾益气，缓急止痛，通利大便。用于脾胃虚弱，消化不良，肠胃不和，脘腹作痛；大便不利。

中医认为，马铃薯味甘、辛，性寒，有小毒。有补益肠胃、解毒、止饿之功效。

现代医学研究认为，马铃薯是高蛋白、低脂肪、低热量的健康食品，是肥胖症患者、心脑血管病患者、糖尿病患者的理想食品。

四、食疗作用

（1）愈伤、利尿、解痉　它能防治淤斑、神经痛、关节炎、冠心病，还能治眼痛。马铃薯中含有丰富的钾元素，肌肉无力及食欲不振的人、长期服用利尿剂或轻泻剂的人多吃土豆，能够补充体内缺乏的钾。

（2）抗衰老　马铃薯中含有丰富的维生素 B_1、维生素 B_2、维生素 B_6 和泛酸等 B 族维生素及大量的优质纤维素，还含有微量元素、氨基酸、蛋白质、脂肪和优质淀粉等营养元素。经常食用能延缓人体衰老。

（3）改善精神状态　马铃薯含有的矿物质和维生素 C，能改善人的精神状态。

（4）调解消化不良、预防便秘和防治癌症　马铃薯中含有大量的优质纤维素，在肠道内可以供给肠道微生物大量营养，促进肠道微生物生长发育；同时还可以促进肠道蠕动，保持肠道水分，有预防便秘和防治癌症等作用。

五、栽培技术

1. 主要栽培品种

（1）黑美人　黑美人是兰州陇神航天育种研究所与甘肃陇神现代农业公司历经三载，用航天育种技术选育成的紫色马铃薯品种。经过多年试验种植，其性状稳定，抗病性强、适应性广，市场前景广阔。

（2）黑金刚　紫色马铃薯新品种，表皮乌黑发亮，富有光泽，果肉紫黑色，颜色通体透黑，蒸、煮后肉质呈现宝石蓝般晶莹亮丽的蓝紫色泽，冠名“黑金刚”。

2. 催芽与切块

在播种前 20～30d，将经过精选后的种薯置于 20℃ 环境条件下均匀摆放，适当喷水，用草苫遮阴，进行催芽。待幼芽长到黄豆粒大小时，将种薯置于温暖向阳处晒种，使幼苗绿化壮芽。播种前 1～2d 进行种薯切块，每块种薯质量在 25g 左右。小个种薯竖切，使每个切块都要有顶部壮芽；大块种薯从尾部开切，淘汰弱芽，按芽眼排列顺序，自顶部斜切，最后将顶部一分为二。切块用刀一定要用 75% 的酒精进行严格消毒。

3. 整地播种

紫色马铃薯生育期较短，需肥较集中，每 667m^2 撒施优质有机肥 3～5m^3，磷酸二铵 20kg、尿素 20kg、硫酸钾 10kg，施肥后将土壤深耕细耙。紫色马铃薯宜稀不宜密，按行距 70cm 开沟，沟深 5cm，开沟时施入辛硫磷颗粒剂防治地老虎等地下害虫。按株距 25～30cm 进行播种，每 667m^2 保苗 3500

株左右。

4. 覆盖地膜

播种后及时覆盖地膜，地膜要拉紧盖严。

5. 田间管理

幼苗出土后要及时破膜放苗，并用湿土将放苗孔封严。当幼苗出齐后，及时追肥，每667m^2 追施碳酸氢铵30kg，施后及时灌水。一般结合中耕除草培土2~3次：出齐苗后进行第一次浅培土，现蕾期高培土，封垄前最后一次培土，培成宽而高的大垄。

为了促进幼苗早发棵，可喷施叶面肥2~3次；在开花期，及时摘除花蕾。

6. 主要病虫害及其防治

紫色马铃薯的主要病害是晚疫病，虫害是蚜虫和瓢虫。防治晚疫病可用64%杀毒矾600倍液进行喷雾；防治蚜虫和瓢虫可用18%乐斯本1000倍液进行喷杀。

第二十五节　紫地瓜

一、简介

地瓜（*Ipomoea batatas*），又称番薯、甘薯、山芋、红薯、红苕等，为旋花科一年生植物。野生种起源于美洲的热带地区，由印第安人人工种植成功，在明朝万历十年（1582年），从当时的西班牙殖民地吕宋（今菲律宾）引进中国。目前，世界各地都有广泛栽种。地瓜肉大多为黄白色，但也有紫色，除供食用外，还可以制糖和酿酒、制酒精。块根为淀粉原料，可食用、酿酒或作饲料，全国广为栽培。

紫地瓜除了具有普通红薯的营养成分外，还富含硒元素和花青素，能增强人体免疫力，清除体内产生癌症的自由基，抑制癌细胞DNA的合成和癌细胞的生长，预防胃癌、肝癌等疾病的发生。

二、营养分析

每100g地瓜含热量119kcal，蛋白质0.9g，脂肪0.5g，碳水化合物7.7g，膳食纤维1.1g，钙44mg，磷20mg，钾5.3mg，钠15.4mg，镁12mg，铁0.7mg，锌0.14mg，硒0.48μg，铜0.18mg，锰0.11mg，维生素A 35μg，维生素B_1 0.12mg，维生素B_2 0.04mg，维生素B_6 0.28mg，维生素C 30mg，维

生素 E 1.6mg，胡萝卜素 0.21μg。

紫地瓜中含有的赖氨酸，比大米、白面要高得多，还含有十分丰富的胡萝卜素，可促使上皮细胞正常成熟，抑制上皮细胞异常分化，消除有致癌作用的氧自由基，阻止致癌物与细胞核中的蛋白质结合，促进人体免疫力增强。

日本国家癌症研究中心最近公布的 20 种抗癌蔬菜排行榜为：地瓜、芦笋、菜花、卷心菜、西兰花、芹菜、茄子、辣椒、胡萝卜、黄金花、油菜、苤蓝、芥末、芥子菜、西红柿、小松菜、洋葱、大蒜、青瓜和大白菜，其中地瓜名列榜首。

三、药用功效

性味：味甘，性平。

归经：归脾、肾经。

功效：补中和血、益气生津、宽肠胃、通便秘。

主治：脾虚水肿、疮疡肿毒、肠燥便秘。能补脾益气，宽肠通便，生津止渴（生用）。用于治疗脾虚气弱，大便秘结，肺胃有热，口渴咽干。

《本草纲目》《本草纲目拾遗》：补虚乏，益气力，健脾胃，强肾阴。

《医林纂要探源》：止渴，醒酒，益肺，宁心；益气，充饥佐谷食。

四、食疗作用

（1）减肥作用　根据科学研究，地瓜的含热量非常低，比一般米饭低得多，所以吃了之后不必担心发胖，反而可起到减肥作用。地瓜中还含有一种类似雌激素的物质，对保护人体皮肤，延缓衰老有一定的作用。因此，国外许多女性把地瓜当作驻颜美容食品。

（2）抗癌作用　饮食中最具有抗癌作用的营养物质是 β－胡萝卜素、维生素 C 和叶酸，而在地瓜中三者含量都比较丰富。常吃地瓜有助于维持人体的正常叶酸水平，体内叶酸含量过低会增加得癌症的风险。地瓜中高含量的膳食纤维有促进胃肠蠕动、预防便秘和结肠直肠癌的作用。

（3）益于心脏　地瓜富含钾、β－胡萝卜素、叶酸、维生素 C 和维生素 B_6，这 5 种成分均有助于预防心血管疾病。钾有助于人体细胞液体和电解质平衡，维持正常血压和心脏功能；β－胡萝卜素和维生素 C 有抗脂质氧化、预防动脉粥样硬化的作用；补充叶酸和维生素 B_6 有助于降低血液中高半胱氨酸水平。

（4）抗糖尿病　进食地瓜可以降低血液甘油三酯和游离脂肪酸的水平，有一定的抗糖尿病作用。

五、栽培技术

1. 品种选择

（1）山川紫　该品种从日本引进，色素含量高，比普通紫红薯的花青素含量高2倍以上，除食用外还可用来提取色素。667m^2 产量一般在1500kg以上。

（2）紫薯王　该品种从日本引进，属早熟性品种，栽后50d即有薯块形成，100d即有500g以上薯块，667m^2 产量春薯2000～2500kg，夏薯1500kg左右。

（3）美国黑薯　该品种由美国培育而成。口味细腻甜滑，香味浓郁，一般667m^2 产量1500kg。

（4）德国黑薯　2002年引进中国，薯块大小整齐，抗病性较强，一般667m^2 产量2000kg。

我国目前已育成的紫色红薯品种有：

（1）济薯18号　该品种为山东省农业科学院作物研究所育成，667m^2 产量1500kg以上。

（2）广薯135　该品种为广东省农业科学院育成，667m^2 产量为1000～1500kg。

（3）宁紫4号　该品种为江苏省农业科学院育成，667m^2 产量为1500kg左右。

（4）京薯6号　该品种由巴西红薯与我国红薯杂交而成，甜度高，品质好，667m^2 产量为1500～2000kg。

2. 栽培技术

（1）培育壮苗　利用薯块的萌芽特性育成薯苗是地瓜生产中的一个重要环节。可采取各种育苗方法，如人工加温的温床，用多种式样的火坑，或使用微生物分解酿热物放出热能的酿热温床和电热温床；利用太阳辐射增温的有冷床、露地塑料薄膜覆盖温床等。

（2）密度　春薯667m^2 栽3000株左右，夏薯4000株左右。

（3）栽种　一般采用垄作，双行大垄比单行小垄增产。适时早栽可延长生长期，增产显著。

（4）施肥　基肥重施农家肥，并配合适量含氮化肥；栽种后追施提苗肥，分枝结薯期追施结薯肥，茎叶盛长期追施催薯肥，后期进行根外追肥等。

（5）田间管理　早期及时补苗，封垄前中耕除草2～3次，保护秧蔓，减少茎叶损伤。

（6）采收　在当地平均气温降到12～15℃，在晴天土壤湿度较低时，抓紧进行收获。

3. 主要病虫害及其防治

地瓜病害有黑斑病、线虫病、根腐病，地下害虫有地老虎、红蚂蚁等，应及时进行综合防治。

第二十六节　紫山药

一、简介

山药（*Dioscorea opposita*），学名薯蓣，通称山药，又称怀山药、淮山药、土薯、山薯等，为薯蓣科薯蓣属多年生草本植物，茎蔓生。山药的块根含淀粉和蛋白质，可以食用。

中国栽培的山药主要有普通的山药和田薯两大类。普通的山药块茎较小，其中尤以古怀庆府（今河南焦作境内，含孟州、博爱、沁阳、武陟、温县等县）所产山药名贵，习称“怀山药”，素有“怀参”之称，其经济价值为全国之冠。

薯蓣于唐代改名为薯药，宋代改名为山药。

紫山药也称“紫人参”，营养价值极高，富含薯蓣皂（天然的DHEA），还含有各种荷尔蒙基本物质。紫山药还称“紫淮山”，据《本草纲目》记载，紫山药有着很高的药用价值，经常食用，不仅可以增加人体的抵抗力，降低血压、血糖、抗衰益寿等，还有益于脾、肺、肾等功能，是很好的食补材料。

二、营养分析

据测定，每100g山药鲜品含热量64kcal，膳食纤维0.8g，蛋白质1.5g，碳水化合物14.4g，钙14mg，铁0.3mg，磷42mg，钾452mg，钠18.6mg，铜0.24mg，镁20mg，锌0.27mg，硒0.55μg，维生素B_1 0.08mg，维生素B_2 0.02mg，维生素B_6 0.06mg，维生素E 0.24mg，维生素A 3μg，维生素C 6mg，胡萝卜素0.02mg。

山药中含有黏蛋白、淀粉酶、游离氨基酸和多酚氧化酶等物质，具有滋补作用；山药中还含有薯蓣皂，含有各种激素基本物质，它有促进内分泌激素的合成作用，对改善体质有一定帮助；山药中富含纤维素、胆碱、黏液质等成分，可预防心脑血管的脂肪沉淀，保持血管弹性，防止动脉粥样硬化过早发生。

三、药用功能

性味：甘，温，平，无毒。

归经：归脾、肺、肾经。

功效：健脾补肺、益胃补肾、固肾益精、聪耳明目、助五脏、强筋骨、长志安神、延年益寿。

主治：伤中，补虚羸，除寒热邪气，补中，益气力，长肌肉，强阴，久服耳目聪明，轻身不饥延丰。

《本草纲目》：益肾气，健脾胃，止泄痢，化痰涎，润皮。

《本草求真》：入滋阴药中宜生用，入补脾肺药宜炒黄用。本属食物，气虽温而却平，为补脾肺之阴。是以能润皮毛，长肌肉，味甘兼咸，又能益肾强阴。

四、食疗作用

（1）补中益气　山药因富含18种氨基酸和10余种微量元素及其他矿物质，所以有健脾胃、补肺肾、补中益气、健脾补虚，固肾益精、益心安神等作用。

（2）消渴生津　山药有消渴生津之功效。中医治疗虚劳消渴（糖尿病）处方中常有山药单味使用，或与其他药物合用，效果更佳。

（3）保健　由于鲜山药富含多种维生素、氨基酸和矿物质，可以防治人体脂质代谢异常以及动脉硬化，对维护胰岛素正常功能也有一定作用，有增强人体免疫力，益心安神，宁咳定喘，延缓衰老等保健作用。

（4）养颜　元代脾胃专家李杲说："治皮肤干燥以此物润之。"李时珍写道："山药能润皮毛。"山药对滋养皮肤，健美养颜有独特疗效。

（5）滋阴补阳、增强新陈代谢　山药中富含大量蛋白质、B族维生素、维生素C、维生素E、葡萄糖、粗蛋白氨基酸、胆汁碱、尿囊素等，其中重要的营养成分薯蓣苷皂是合成女性激素的前体，有滋阴补阳、增强新陈代谢的功效；而新鲜块茎中含有的多糖蛋白成分的黏液质、消化酵素等，可预防心血管脂肪沉积，有助于胃肠的消化和吸收。

五、栽培技术

1. 品种选择

北京市农林科学院共搜集到10份紫山药品种资源，分别来自浙江、福建、江苏、河南等地，其中"徐农紫药"种植面积较大，该品种为江苏省徐州市农业科学院引进、筛选、提纯复壮的。

2. 选地、整地、作畦

选择排灌方便、土层深厚、有机质丰富、呈微酸性的砂质壤土。紫山药入根较深，要求深耕，精细整地，并按照畦宽50cm，畦高30cm，沟深15~20cm的标准作畦。

3. 播种

薯种要按3cm×3cm面积纵切成薯块，每个薯块都应带有顶芽，并将切好的薯块用草木灰沾种，并晒1~2h，然后放在室内2~3d，待切面愈合后播种。下种时薯块要离穴肥3cm左右，并且要薯皮面朝上，然后盖上2~3cm厚的泥层，以利于播后出苗。一般要求在5月初（立夏前后）直接播种。

4. 合理密植

采用宽窄行的方式挖沟栽植，宽行80cm，窄行50cm，株距50cm，每667m^2栽植2000~3000株。挖沟栽植时，先把沟内25cm深的熟土取出放在沟两边，沟宽25~30cm，667m^2用腐熟的农家肥2000kg、磷肥50kg、钾肥30kg、尿素15kg拌匀后施入沟中，稍加挖翻，使之与下层土混匀，盖上从沟中挖出的熟土5cm，再栽植薯种，最后把沟两边的熟土回填沟内覆盖薯种12~15cm，浇一遍水，即栽种完毕。

5. 搭架

谷雨过后，紫山药的藤茎生长迅速，要适时搭架，改善通风透光条件，提高植株中下部叶片的光合作用，降低架内湿度，减少病害的危害，从而提高薯块产量。

6. 肥水管理

一是施足基肥；二是当苗高达10cm左右时，结合中耕除草进行第一次追肥，一般每667m^2施用稀薄人粪尿500~1000kg；三是施好裂缝肥，薯块生长膨大期，每667m^2用人粪尿1500~2000kg直接兑水浇施根部或用1:1:1三元复合肥100~150kg撒施于根部裂缝处，然后灌一次水，以满足块茎膨大对肥水的需求。

7. 主要病虫害及其防治

在紫山药的整个生育进程中，重点要做好茎枯病的防治，该病害一般在8月底至9月上旬发生，可用70%托布津或50%多菌灵800倍液喷施或浇施于根部进行防治。

第二十七节 紫根甜菜

一、简介

紫根甜菜（*Beta vulgaris*），又称红菜头、紫菜头等，是一种二年生草本块根生植物，肉质根呈球形、卵形、扁圆形、纺锤形等。由生长在地中海沿岸的一种名叫海甜菜根的野生植物演变而来。甜菜根红焰如火，又被称为火焰菜。主要生产国是乌克兰、俄罗斯、美国、法国、波兰、德国、土耳其、意大利、罗马尼亚和英国。饲料甜菜和叶用甜菜的栽培与大多数作物一样，始于史前时期。根甜菜根中含糖分，可以生产砂糖，也可以作为蔬菜食用。

紫根甜菜也称紫菜头，紫红色的外皮，果肉也是紫红色，为补血佳品，是最近较为流行的养生食材。原产于欧洲西部和南部沿海，在欧洲被誉为“阿波罗的礼物”，它和我国的灵芝享有同样的地位与美誉。紫甜菜含有丰富的维生素、微量元素和有机酸，尤其是所含原花青素、异硫氰酸盐有抗氧化作用，对预防肿瘤有利，人们常把它当成是“综合维生素”。

二、营养分析

每100g鲜根甜菜，含热量75kcal，蛋白质1g，脂肪0.1g，碳水化合物23.5g，膳食纤维5.9g，钙56mg，铁0.9mg，磷18mg，钾254mg，钠20.8mg，铜0.15mg，镁38mg，锌0.31mg，硒0.29μg，锰0.86mg，维生素C 8mg，维生素E 1.85mg。

三、药用功效

性味：甘平。

功效：祛脂降压，养肝，解气消胀，补血益气，提高免疫力，治疗头痛头晕。

四、食疗作用

（1）提高免疫力　根甜菜富含铜。铜是人体健康不可缺少的微量营养素，对血液、中枢神经和免疫系统，头发、皮肤和骨骼组织以及脑、肝和心等内脏的发育和功能有重要影响。

（2）祛脂降压　根甜菜使血压易控制，并使毛细管扩张，血液黏度降低，微循环改善。能软化和保护血管，有降低人体中血脂和胆固醇的作用。含有较多的维生素 C，常食可预防动脉粥样硬化或某些心血管病。

（3）养肝 富含维生素，保护肝细胞和防止毒素对肝细胞的损害。可以促进肝气循环，舒缓肝郁，有助于肝脏结构和功能的维护和修复。适宜于肝病患者。

（4）解气消胀 具有一种抗胃溃疡病的因子功能。有下泻功能，可消除腹中过多水分，缓解腹胀。

（5）补血益气 适宜肤色没有光华、失去红润、手脚冰冷的人群。治疗贫血。

五、栽培技术

1. 品种选择

（1）紫菜头：适宜于春秋栽培。

（2）平泉紫菜头：耐寒、耐旱、耐贮藏。

（3）上海长园种红菜头。

2. 选地与整地

选择土质肥沃、地势相对平整、排水良好、四年以上未种过甜菜的玉米、烤烟、土豆、蔬菜、瓜菜茬等，不要重茬、迎茬种植甜菜。翻地深度 25cm。

3. 适时早播

适时早播，可延长甜菜生长期，是甜菜获得丰产的重要措施。一般年份，东北地区露地直播 4 月 15 日至 25 日，华北地区露地直播 4 月 1 日至 4 月 10 日。

4. 合理密植

合理密植是高产的基础。东北地区、华北地区甜菜的最佳密度为每 $667m^2$ 5600 株，即行距 66cm，株距 18cm。

5. 肥水管理

每 $667m^2$ 施用农家肥 2000kg 以上，并配合施用甜菜专用肥 50kg。如土壤缺硼，应补施硼肥，每 $667m^2$ 叶面喷施硼砂 0.5 ~ 1.0kg。

浇水间苗后中耕 2 ~ 3 次。分别于封垅前、块根膨大期追肥，每次 $667m^2$ 追施速效氮肥 15kg，并配合浇水。

6. 主要病虫害及其防治

根甜菜病害有根腐病、褐斑病，虫害有地下害虫、甜菜夜蛾等，应及时防治。

第二十八节　香芋

一、简介

香芋（*Colocasia esculenta*），天南星科芋属多年生块茎植物，常作一年生作物栽培。原产于印度，中国以珠江流域及台湾省种植最多，长江流域次之，其他省市也有种植。

二、营养分析

营养丰富，含有大量的淀粉、矿物质及维生素，既是蔬菜，又是粮食，可熟食、干制或制粉。

每100g鲜香芋含热量79kcal，膳食纤维1g，蛋白质2.2g，脂肪0.1g，碳水化合物17.5g，钙36mg，铁1mg，磷51mg，钾378mg，钠33mg，镁23mg，硒1μg，维生素B 51mg，维生素C 6mg，胡萝卜素27μg等。所含的矿物质中，氟的含量较高，因此具有洁齿防龋、保护牙齿的作用。

三、药用功效

性味：性甘、辛、性平、有小毒。

归经：归肠、胃经。

功效：益胃、宽肠、通便、解毒、补中益肝肾、消肿止痛、益胃健脾、散结、调节中气、化痰、添精益髓，能益脾胃，消瘰散结。

主治：肿块、痰核、瘰疬、便秘等病症。用于中气不足，虚弱乏力，瘰疬结核。

《唐本草》：蒸煮冷啖，疗热止渴。

《本草拾遗》：吞之开胃，通肠闭，产后煮食之破血，饮其汁，止血、渴。

《日华子本草》：破宿血，去死肌。和鱼煮，甚下气，调中补虚。

《滇南本草》：治中气不足，久服补肝肾，添精益髓。

《医林纂要》：行水。

《本草求原》：止泻。

《中国药植图鉴》：调以胡麻油，敷治火伤，开水烫伤；用芋片不断摩擦疣部，可除去。

中医认为香芋有开胃生津、消炎镇痛、补气益肾等功效，可治胃痛、痢疾、慢性肾炎等。

四、食疗作用

（1）洁齿防龋、保护牙齿　香芋中富含蛋白质、钙、磷、铁、钾、镁、钠、胡萝卜素、烟酸、维生素 B、维生素 C、皂角苷等多种成分，所含的矿物质中，氟的含量较高，具有洁齿防龋、保护牙齿的作用。

（2）防治肿瘤　香芋丰富的营养价值，能增强人体的免疫功能，可作为防治癌瘤的常用药膳主食。在癌症手术或术后放疗、化疗及其康复过程中，有辅助治疗的作用。

（3）解毒　香芋含有一种黏液蛋白，被人体吸收后能产生免疫球蛋白，或称抗体球蛋白，可提高机体的抵抗力。故中医认为香芋能解毒，对人体的痈肿毒痛包括癌毒有抑制消解作用，可用来防治淋巴结核等病症。

（4）美容养颜　香芋为碱性食品，能中和体内积存的酸性物质，调整人体的酸碱平衡，产生美容养颜、乌黑头发的作用，还可用来防治胃酸过多症。

（5）增进食欲，帮助消化　香芋中含有丰富的黏液皂素及多种微量元素，可帮助机体纠正微量元素缺乏导致的生理异常，同时能增进食欲，帮助消化，故中医认为芋艿可补中益气。

五、栽培技术

1. 品种选择

细皮香芋：表皮较细滑、质量较好，产量偏低。

粗皮香芋：表皮较粗糙、质量较差，产量偏高。

2. 选地整地

选择排水良好的中性或偏碱性砂壤土，每 667m^2 施入农家肥 3000kg，撒施后耕翻土壤，平整后作成 2～3m 宽的高畦。

3. 播种

用无食用价值的小香芋作种芋，要求种芋的两侧必须保留一小段细根。每 667m^2 大田用种芋 50～100kg。一般在清明前后播种，播种时按行株距（40～70）cm×（10～20）cm 开穴，每穴种 1 块香芋，播种深度 3cm 左右。播后覆盖地膜，以提温保墒。

4. 肥水管理

出苗后土壤干旱时应及时浇水，浇水时忌大水漫灌；在植株旺盛生长期结合灌水追施氮磷钾复合肥 1 次，每 667m^2 10～15kg。管理中加强中耕除草。

5. 植株调整

苗高10～15cm时，用2m长竹竿支架，三角架、四角架、人字架均可，然后进行引蔓和布蔓。

6. 采收

霜冻来临前，地上茎叶枯死，此时挖掘块根，并适时放入窖内贮藏。

7. 主要病虫害及其防治

香芋基本无病虫害发生。

第二十九节　荸荠

一、简介

荸荠（*Eleocharis dulcis*），又称马蹄、水栗、菩荠，为莎草科荸荠属浅水性宿根草本，原产印度，中国主要分布江苏、安徽、浙江、广东、湖南等地区，以球茎作蔬菜食用。荸荠既可作为水果，又可作为蔬菜，是大众喜爱的时令之品。安徽省庐江县原杨柳乡盛产高品质荸荠，是中国最大的“荸荠之乡”。我国著名的“华夏四荠”为南昌马蹄、苏州地栗、桂林马蹄、黄梅荸荠。

二、营养成分

据测定，每100g鲜荸荠的营养成分为热量59kcal，膳食纤维1.1g，蛋白质1.2g，脂肪0.2g，碳水化合物14.2g，钙4mg，铁0.6mg，磷44mg，钾306mg，钠15.7mg，铜0.07mg，镁12mg，锌0.34mg，硒0.7μg，锰0.11mg，维生素A 3μg，维生素B_1 0.02mg，维生素B_2 0.02mg，维生素B_5 0.7mg，维生素C 7mg，维生素E 0.65mg，胡萝卜素20μg。

荸荠中磷含量是根茎类蔬菜中较高的，能促进人体生长发育和维持生理功能的需要，对牙齿骨骼的发育有很大好处，同时可促进体内的糖、脂肪、蛋白质三大物质的代谢，调节酸碱平衡，因此荸荠适于儿童食用。

三、药用功效

性味：甘，寒。

归经：入肺、胃经。

功能：清热止渴，利湿化痰，降血压。

主治：用于热病伤津烦渴，咽喉肿痛，口腔炎，湿热黄疸，高血压病，小便不利，麻疹，肺热咳嗽，矽肺，痔疮出血。

《别录》：味苦甘，微寒，无毒。

《本草纲目》：甘，微寒滑，无毒。

《医林纂要》：甘咸，寒滑。

《本草求原》：味甘淡，性寒，无毒。

《玉楸药解》：入足太阴脾、足厥阴肝经。

《得配本草》：入足阳明经。

《本草求真》：入肝、胃、大肠。

《本草再新》：入心、肝、肺三经。

四、食疗作用

荸荠味甘、性寒，既具有清肺热，又富含黏液质，有生津润肺、化痰利肠、通淋利尿、消痈解毒、凉血化湿、消食除胀的功效。

（1）滋养胃阴　荸荠质嫩多津，可治疗热病津伤口渴之症。

（2）降血压、通肠利便　对于高血压、便秘、糖尿病尿多者、小便淋沥涩通者、尿路感染患者均有一定功效。

（3）荸荠对食道癌有一定的防治效果。

（4）荸荠可预防流脑及流感的传播。

五、栽培技术

1. 繁殖

荸荠为无性繁殖，采用球茎（果球）繁殖。

2. 定植

种荠15℃萌芽，25℃开始分蘖，30℃植株进入旺盛生长期，气温降至20℃以下时球茎形成。早春选择顶芽和侧芽健全的种茎育苗，传统的育苗方式为阳畦苗床育苗，现已推广无土育苗技术，用8cm×6cm的塑料钵基质育苗，约15~20d即可成苗，供大田栽植。大田栽植行株距为60cm×30cm，每667m^2栽植3000穴。

荸荠在南方地区最迟于7月底之前移栽。

3. 田间管理

荸荠移栽后，3~5d返青，然后开始分蘖，形成母株丛，并持续分蘖。9月份匍匐茎向下生长，10月份开始形成球茎，11月份球茎成熟，12月份球茎含糖量最高，是荸荠的最佳收获时期。

荸荠定植后要求较高的地温，以利返青分蘖，因此宜灌浅水层稳苗；

随着分蘖的增多，逐渐加深水层，以促进地上茎群体形成；封垄后深灌水，控制分蘖分株形成，以提早结荠，使球茎增多增大。整个生育期间，不能缺水。

由于荸荠株丛较大，因此栽培荸荠的地块要施足基肥。移栽前每667m^2施入优质农家肥3000kg，过磷酸钙50kg，硫酸钾10k。分蘖和分株期间追施一次氮肥，每667m^2追施硫酸铵15～20kg；球茎形成前追施磷肥和钾肥，适当控制氮肥用量，以防徒长；进入生育后期，进行2～3次叶面喷肥。

4. 主要病虫害及其防治

荸荠主要病害为枯萎病，虫害主要是螟虫，应及时进行综合防治。

第三十节　紫菜豆

一、简介

菜豆（*Phaseolus vulgaris*），又称架豆、芸豆、扁豆，为豆科一年生双子叶植物，菜豆原产美洲的墨西哥和阿根廷，我国在16世纪末才开始引种栽培。

二、营养分析

菜豆营养丰富，据测定，每100g鲜菜豆含热量25kcal，膳食纤维2.1g，蛋白质0.8g，脂肪0.1g，碳水化合物7.4g，钙88mg，铁1mg，磷37mg，钾112mg，钠4mg，铜0.24mg，镁16mg，锌1.04mg，硒0.23μg，锰0.44mg，碘4.7μg，维生素A 40μg，维生素B_1 0.33mg，维生素B_2 0.06mg，维生素C 9mg，维生素E 0.07mg，胡萝卜素240μg。

三、药用功效

我国医籍记载，菜豆味甘平、性温，具有温中下气、利肠胃、止呃逆、益肾补元气等功用，是一种滋补食疗佳品。

菜豆是一种难得的高钾、高镁、低钠食品，适合心脏病、动脉硬化，高血脂、低血钾症和忌盐患者食用。

现代医学分析认为，菜豆还含有皂苷、尿毒酶和多种球蛋白等独特成分，具有提高人体免疫能力、增强抗病能力、激活T淋巴细胞、促进脱氧核糖核酸的合成等功能，对肿瘤细胞的发展有抑制作用，因此受到医学界的重视。其所含尿素酶应用于肝昏迷患者效果很好。

四、食疗作用

（1）促进肌肤的新陈代谢　菜豆对皮肤、头发大有好处，可以提高肌肤的新陈代谢，促进机体排毒，令肌肤常葆青春。

（2）促进脂肪代谢　菜豆中的皂苷类物质能降低脂肪吸收功能，促进脂肪代谢。

（3）减肥　菜豆所含的膳食纤维还可加快食物通过肠道的时间，有利于减肥。

五、栽培技术

1. 品种选择

紫菜豆是菜豆中的特殊品种，其品种较多，如春秋大紫袍、从英国进口的紫菜豆、秋紫豆、压趴架等，尤其在农家菜豆品种中紫菜豆品种更多，因其颜色特殊而受消费者青睐。

2. 栽培方式

菜豆的栽培方式有早春大棚栽培，日光温室越冬栽培，春季地膜覆盖早熟栽培，春季露地栽培。

3. 育苗移栽

早熟品种，4 月上旬播种育苗；中熟品种，4 月中旬至 6 月中旬播种育苗，苗龄 30 ~35d；越冬栽培的，可根据菜豆上市时间推算育苗播种期。育苗采用无土育苗技术。

4. 直播

行距 80cm，穴距 40 ~45cm，每穴 3 ~4 株。

5. 肥水管理

结合整地，每 667m^2 施农家肥 3000kg，然后做成宽 1.2m 的平畦，每畦种（栽）植 2 行，行距 80cm。种（栽）植时每 667m^2 施用磷酸二铵 10 ~15kg 做种肥，施用方法为在两种（栽）植穴中间点施，严禁与种子或幼苗接触。

生长前期不必追肥，开花结荚期追肥。育苗移栽定植后，浇缓苗水，开花结果期结合追肥浇水 2 ~3 次，遇干旱时注意浇水。

6. 植株调整

抽蔓前搭好棚架，人字架或直立架均可。抽蔓后，将蔓引上架子，将蔓整理清楚。

7. 主要病虫害及其防治

菜豆主要虫害有蚜虫、美洲斑潜蝇等，应采取多种措施综合防治。

第三十一节　紫豇豆

一、简介

豇豆（*Vigna unguiculata*），俗称角豆、姜豆、带豆，为蝶形花科一年生缠绕草本植物，果实为圆筒形长荚果。Purseglove（1968）认为起源地可能是热带非洲，但我国北宋《图经本草》有豇豆的记载，到明代，自朱橚撰写《救荒本草》以来，《便民图纂》《本草纲目》等多种书志都有豇豆的记载，可见我国明代已广泛栽培豇豆。在历史记载中，黄河流域气候曾较温暖，根据上古籍记载，可能我国亦为豇豆原产地之一。目前主要分布在河南、山西、陕西、山东、广西、河北、湖北、四川等地。

二、营养分析

据测定，每100g鲜豇豆含热量29kcal，膳食纤维23g，蛋白质2.9g，脂肪1.2g，碳水化合物3.6g，钙27mg，铁0.5mg，磷63mg，钾200mg，钠2.2mg，铜0.14mg，镁31mg，锌0.54mg，硒0.74μg，维生素A 42μg，维生素B_1 0.07mg，维生素B_2 0.09mg，维生素B_6 0.24mg，维生素E 4.39mg，维生素C 9mg，维生素K 14μg，胡萝卜素0.25mg。

三、药用功效

性味：甘，平。

归经：入脾、肾经。

功用主治：健脾补肾。治脾胃虚弱、泻痢、吐逆、消渴、遗精、白带、白浊、小便频数。

《滇南本草》：味平。治脾土虚弱，开胃健脾。

《得配本草》：入足太阴经气分。

《本草求真》：入肾，兼入胃。

《本草纲目》：甘咸，平，无毒。理中益气，补肾健胃，和五脏，调营卫，生精髓。止消渴，吐逆，泄痢，小便数，解鼠莽毒。

《本草从新》：散血消肿，清热解毒。甘涩，平。

《医林纂要》：补心泻肾，渗水，利小便，降浊升清。

《四川中药志》：滋阴补肾，健脾胃，消食。治食积腹胀，白带，白浊及肾虚遗精。

现代医学认为，豇豆具有理中益气、健胃补肾、和五脏、调颜养身、生精髓、止消渴、吐逆泄痢、解毒的功效。主治脾虚兼湿、食少便溏、湿浊下注、妇女白带过多，还可用于暑湿伤中、吐泻转筋、呕吐、痢疾、尿频等症。

四、食疗作用

（1）补充机体的营养成分 豇豆可提供易于消化吸收的优质蛋白质，适量的碳水化合物及多种维生素、微量元素等。

（2）帮助消化，增进食欲 豇豆所含的维生素 B 能维持正常的消化腺分泌和胃肠道蠕动的功能，抑制胆碱酶活性，可帮助消化，增进食欲。

（3）抗病毒 豇豆中所含维生素 C 能促进抗体的合成，提高机体抗病毒的能力。

（4）降血糖作用 豇豆的磷脂有促进胰岛素分泌、参与糖代谢的作用，是糖尿病人的理想食品。

五、栽培技术

1. 培育壮苗

豇豆播种分直播和育苗移栽两种。直播主根深，茎叶茂盛；育苗移栽，可抑制营养生长，促进开花结荚。育苗可采用营养钵或平畦塑料薄膜拱棚育苗，苗龄 20 ~25d。苗床育苗一般于第一复叶开展前移栽定植，营养钵育苗，可延迟至具有 2 ~3 复叶时定植。

2. 整地施肥

定植前应施足底肥，精细整地，每 667m^2 施腐熟有机肥约 3000 ~5000kg，过磷酸钙 25 ~50kg，钾肥 25kg。多次浅耕耙耱，做成 1.3m 的畦，一般栽植密度行距 60cm，株距 27 ~33cm。

3. 肥水管理

豇豆定植后浇定根水，5 ~7d 后再浇一次缓苗水，随即中耕，蹲苗，保墒，提湿，以促进根系发育，早缓苗。在出现花蕾后可浇小水，再行中耕。第 1 花序开花座荚后，要浇足头水，结合浇头水每 667m^2 追施尿素 10kg。头水后营养生长和生殖生长齐头并进，需水量大，应保持地面湿润，同时追肥，豆荚盛收开始，每隔 3d 施一次淡肥（人粪尿水），当气温过高时，豇豆常出现停止开花的伏歇现象。此时应重新加水加肥。

4. 整枝搭架

在苗高 30cm 左右时搭人字架。当主蔓长到 2m 左右时摘心封顶，控制植株高度，对顶端萌发的侧枝，留 1 叶摘心，控制植株生长，使营养集中供应花序发育。产量第一高峰过后，叶腋间产生侧枝，对这些侧枝也应摘心，俗称打群尖。

5. 主要病虫害及其防治

豇豆主要病害为灰霉病，病毒病，主要虫害是蚜虫，应采取农业措施、物理措施、生物措施和化学措施及时防治。

第三十二节　紫眉豆

一、简介

眉豆（*Lablab purpureus*），是豆科植物菜豆种子，又称饭豇豆、米豆、饭豆、甘豆、白豆等，一年生缠绕草本植物，种子球形或扁圆，比黄豆略大，也有状如腰果的。分布中国河北、江苏、四川、云南等省，越南也有产品。眉豆是粤人所习称。李时珍称“此豆可菜、可果、可谷，备用最好，乃豆中之上品”。

二、营养分析

每100g紫眉豆种子含热量323kcal，蛋白质22.7g，脂肪1.8g，碳水化合物57g，钙46mg，铁1mg，磷310mg，钾525mg，钠86.5mg，铜0.86mg，锰2.14mg，锌4.70mg，硒2.89μg，植酸钙镁247mg，泛酸1232μg，还含有维生素B、维生素C、胡萝卜素，并含蔗糖、葡萄糖、水苏糖、麦芽糖及棉籽糖等。

三、药用功效

性味：味甘，性微温。

功效：治暑湿吐泻，脾虚呕逆，食少久泄，水停消渴，赤白带下，小儿疳积。

主治：脾虚兼湿，食少便溏；湿浊下注，妇女白带过多；化湿消暑，用于暑湿伤中，吐泻转筋等症。

四、食疗作用

（1）调节脂肪代谢，提供膳食纤维　紫眉豆富含构成机体重要物质的碳水化合物，是维持大脑功能必需的能源，调节脂肪代谢，提供膳食纤维，节约蛋白质，解毒，增强肠道功能。

(2) 提高人体免疫力 紫眉豆富含蛋白质，可维持钾钠平衡，消除水肿，提高免疫力；调低血压，缓冲贫血，有利于生长发育。

(3) 增强生育能力 紫眉豆富含镁，能提高精子的活力，增强男性生育能力。调节神经和肌肉活动、增强耐力。

(4) 预防中风 紫眉豆富含钾，有助于维持神经健康、心跳规律正常，可以预防中风，并协助肌肉正常收缩，具有降血压作用。

(5) 预防心脏病 有助于调节人的心脏活动，预防心脏病。

五、栽培技术

紫眉豆的栽培技术与菜豆基本相同。

1. 整地施肥

深翻土地，施足底肥，灌好底墒。

2. 播种

华北地区露地种植眉豆，在谷雨前后播种。

3. 肥水管理

苗期要做到水肥充足，氮、磷、钾比例和墒情要合理匹配，要在植株开始分枝时喷施促“花王 3 号”（生物激素），抑主梢疯长，促花芽分化，多开花，多坐果。

植株生长进入开花结荚期，要在开花前喷施菜果“壮蒂灵”，可强花强蒂；增强授粉质量，促进果实发育，无空壳，无秕粒。这一阶段应及时灌水，适时追肥，多施磷钾肥。

4. 主要病虫害及其防治

注意防治蚜虫、豆荚斑螟、豇豆荚螟等。在病虫害发生期，要按作物需求，用针对性药剂进行灭杀。

第三十三节 紫番茄

一、简介

番茄（*Lycopersicon esculentum*），又称西红柿，为茄科番茄属一年生草本植物。紫番茄是番茄栽培亚种的一个变种，为茄科番茄属，近十年来，我国栽培面积不断扩大。其果形有樱桃形，李形，梨形等，果实品质好，糖度和维生素 C 含量远高于普通番茄，而且富含矿物质。

紫番茄果实色泽鲜艳，美观秀丽，柔软多汁，甜酸适口，促进食欲，可做多种菜肴，也可当水果生食。

二、营养分析

紫番茄既是蔬菜又是水果，不仅色泽艳丽、形态优美，而且味道适口、营养丰富，除了含有番茄的所有营养成分之外，其维生素含量是普通番茄的1.7倍，是高营养蔬菜。

据测定，每100g鲜紫番茄中含热量15kcal，膳食纤维0.5g，蛋白质0.9g，脂肪0.2g，碳水化合物3.54g，钙10mg，铁0.8mg，磷24mg，钾191mg，钠5mg，铜0.06mg，锌0.13mg，硒0.15mg，维生素A 92mg，维生素B_1 0.03mg，维生素B_2 0.03mg，维生素B_6 0.08mg，维生素C 8mg，维生素E 0.57mg，维生素K 4μg，胡萝卜素0.37mg。

三、药用功效

性味：甘、酸、微寒。

归经：归肝、胃、肺经。

功效：生津止渴，健胃消食，清热解毒，凉血平肝，补血养血，增进食欲。

主治：口渴，食欲不振。

传统医学认为，番茄性微寒，味甘酸，生津止渴，清热凉血，补肾利尿。

现代研究发现，紫番茄的维生素C含量略高于普通番茄。

紫番茄可促进人体的生长发育，特别可促进小儿的生长发育，增加人体抵抗力，延缓人的衰老。另外，番茄红素可保护人体不受香烟和汽车废气中致癌毒素的侵害，并可提高人体的防晒功能。对于癌症，特别是前列腺癌，可以起到有效的治疗和预防。

四、食疗作用

（1）生津止渴、健胃消食　番茄食后能生津止渴、健胃消食、适用于高血压、心脏病、肝炎、口渴、食欲不振者。番茄肉片汤能生津、通血脉、养肝脾、助消化。

（2）保护心血管　番茄中的番茄红素含有对心血管具有保护作用的维生素和矿质元素，能减少心脏病的发作。番茄红素具有独特的抗氧化能力，能清除自由基，保护细胞。

（3）预防癌症　番茄对前列腺癌有预防作用，还能有效减少胰腺癌、直肠癌、喉癌、口腔癌、乳腺癌等癌症的发病危险。

（4）降低血压　番茄中含有维生素C，有生津止渴，健胃消食，凉血平肝，清热解毒，降低血压之功效，对高血压、肾脏病人有良好的辅助治疗作用。

（5）促进小儿的生长发育　番茄可以促进人体的生长发育，特别可促进小儿的生长发育，所以，儿童可以把圣女果当做主要水果之一来吃，能增强身体发育。

（6）延缓衰老　番茄可以增加人体的抵抗能力，延缓人的衰老、减少皱纹的产生，所以，特别适合女生用来美容，可以说是女性的天然的美容水果。

五、栽培技术

1. 品种选择

目前在生产中应用的紫番茄品种主要有紫珍珠、紫美人、阿里3号、黑妃系列（20、50、120）等。

2. 培育壮苗

72孔穴盘育苗，苗龄60～70d。壮苗标准：高20cm，7～8片叶，叶柄短粗，叶色浓绿，现大花蕾，但未开花。

3. 栽培方式及密度

紫番茄适于露地种植、塑料大棚春提前秋延后种植和日光温室越冬栽培。

采取高畦覆膜大垄双行栽培方式，垄高20cm，大行距80cm，小行距60cm，株距45cm，每667m^2 2500株左右。

4. 整地施肥

结合深翻每667m^2施入优质农家肥3000kg以上，并按栽培方式做畦，做畦时每667m^2施入50kg复合肥做基肥。

5. 肥水管理

缓苗后第1次追肥，果实膨大期第2次施肥，以后根据结果情况分次追肥，追肥本着“少吃多餐、分次施入”的原则，并结合叶面喷肥，每次追肥结合浇水，生长期间均匀浇水。

6. 植株调整单杆整枝

苗高40cm时搭架绑蔓，及时打杈，随着植株生长，多次绑蔓，并及时打掉植株下部老黄叶片。一年一大茬的紫番茄，由于生长期长，无限生长的植株持续生长，高度不断增加，要及时落蔓。

7. 保花保果

15～20μL/L，2,4－D沾花，并疏花疏果。

8. 主要病虫害及其防治

主要病害有病毒病、早疫病、叶霉病、灰霉病、晚疫病等；主要虫害有蚜虫、白粉虱、棉铃虫、烟青虫等，应及时进行综合防治。

第三十四节　紫茄

一、简介

茄（*Solanum melongena*），常称茄子，又称酪酥、落苏、昆仑瓜、矮瓜等，为茄科茄属一年生草本植物，热带为多年生。最早产于东南亚，在印度经过驯化后传向世界各地，中国可能是其第二驯化中心。现在的栽培种主要为圆茄子和长茄子。世界各国多有栽培，但以亚洲产量最多。茄子颜色多为紫色或紫黑色，也有淡绿色或白色品种，形状上也有圆形、椭圆、梨形等各种。茄子是一种典型的蔬菜，根据品种的不同，食用方法多样。其花、蒂、茎、根、果实和种子均可药用。

二、营养分析

每100g鲜茄含热量21kcal，膳食纤维1.3g，蛋白质1.0g，脂肪0.1g，碳水化合物3.5g，钙55mg，铁0.4mg，磷19mg，钾142mg，铜0.1mg，锌0.23mg，硒0.48mg，维生素A 30μg，维生素B_1 0.03mg，维生素B_2 0.03mg，维生素C 7mg，胡萝卜素180μg。此外，还含有胆碱、胡芦巴碱、水苏碱、龙葵碱等多种生物碱，尤其是紫色茄子中的维生素E和烟酸，这是多数蔬菜所没有的。

三、药用功效

性味：味甘、性凉。

归经：入脾、胃、大肠经。

功效：清热止血，消肿止痛。

主治：用于热毒痈疮、皮肤溃疡、口舌生疮、痔疮下血、便血、衄血等。

《食经》：主充皮肤、益气力、脚气。

《医林纂要》：宽中、散血、止泻。

传统医学认为，茄子性味甘寒，无毒，具有活血散瘀、清热解毒、消肿止痛、祛风通络、宽肠利气等功效。中医临床常用于治疗肠风下血、热毒疮疡、皮肤溃烂、风热隐疹等病症。

现代医学研究表明，茄子中含有维生素P，可增强细胞间的黏着能力，有防治微血管脆裂出血，促进伤口愈合的作用。可柔软血管壁，常吃可防治脑溢血、高血压、动脉硬化等症。

四、食疗作用

（1）保护心血管、抗坏血病 茄子含丰富的维生素P，这种物质能增强人体细胞间的黏着力，增强毛细血管的弹性，降低毛细血管的脆性及渗透性，防止微血管破裂出血，使心血管保持正常的功能。此外，茄子还有防治坏血病及促进伤口愈合的功效。

（2）防治胃癌 茄子含有龙葵碱，能抑制消化系统肿瘤的增殖，对于防治胃癌有一定效果。此外，茄子还有清退癌热的作用。

（3）抗衰老 茄子含有维生素E，有防止出血和抗衰老功能，常吃茄子，可使血液中胆固醇水平不致增高，对延缓人体衰老具有积极的意义。

五、栽培技术

1. 品种选择

紫圆茄和紫长茄品种很多，各地可根据栽培条件、市场需求进行选择。

2. 培育壮苗

根据栽植时间进行育苗。育苗可采用穴盘育苗，6～8叶期为移栽适期。

3. 整地施肥

结合整地每667m^2施腐熟有机肥3000kg以上，另加氮磷钾复合肥40kg。采用高畦栽培模式，畦高20cm，上宽80cm，上栽两行，株距40cm，667m^2栽植3000株左右。

4. 移栽

可采用先覆膜后移栽的方式，移栽时边栽边浇定根水，提高成活率。

5. 田间管理

定植成活初期，浇2次以上稳苗扎根水；开花坐果期，应用防落素喷花，以提高坐果率；开花坐果和膨大期肥水齐攻，每隔15～20d 667m^2追施腐熟人畜粪水2000kg，加复合肥5～10kg，盛果期用0.5%～1%的磷酸二氢钾或复合肥液进行叶面喷雾追肥。

6. 主要病虫害及其防治

茄子的病害主要有根腐病、菌核病、绵疫病、枯萎病等，虫害主要有烟青虫、小菜蛾、蚜虫和茶黄螨，应及时进行防治。

第三十五节　紫椒

一、简介

辣椒（*Capsicum annuum*），又称番椒、海椒、辣子、辣角、秦椒等，为茄科辣椒属一年或多年生草本植物。辣椒原产于中拉丁美洲热带地区，原产国是墨西哥。15 世纪末，哥伦布发现美洲之后把辣椒带回欧洲，并由此传播到世界其他地方。辣椒于明代传入中国，现今中国各地普遍栽培，成为一种大众化蔬菜，一般有辣味，供食用和药用。

紫椒是我国 20 世纪 90 年代从荷兰、以色列等国家引进的新品种，近几年我国已自行培育了许多紫椒品种，已在各地作为名、特蔬菜推广种植，一直作为相对贵重的礼品菜和高档商品出现在市场上。

紫椒具有极高的观赏价值，观赏及采摘时间较长，果实成熟后采收期可达 1 ~2 个月。

二、营养分析

每 100g 鲜辣椒含热量 15kcal，膳食纤维 1. 3g，蛋白质 0. 7g，脂肪 0. 2g，碳水化合物 3g，钙 20mg，铁 0. 5mg，磷 20mg，钾 300mg，钠 6mg，铜 0. 09mg，镁 12mg，锌 0. 1mg，硒 0. 38μg，维生素 A 103μg，维生素 B_1 0. 04mg，维生素 B_2 0. 03mg，维生素 B_6 0. 19mg，维生素 C 50mg，维生素 E 0. 8mg，胡萝卜素 0. 62mg，此外还含有辣椒独有的辣椒素，而在红色、黄色的辣椒、甜椒中，还含有一种辣椒红素（capsanthin），这两种成分都只存在于辣椒中。

成熟的辣椒其营养成分远高于青椒。

三、药用功效

性味：味辛，性热。

功效：温中健胃，散寒燥湿，发汗。

主治：用于胃寒疼痛，胃肠胀气，消化不良；外用治冻疮，风湿痛，腰肌痛；其根可活血消肿，外用治冻疮。

传统医学认为，辣椒虽能驱寒、止痢、杀虫、增强食欲、促进消化，但膳食上应当讲究五味（酸、苦、甘、辛、咸）调和，过于偏爱辣味，易造成脏腑阴阳失调，产生疾病。

辣椒作为药物和调味品使用已有几百年的历史。我国是最早将辣椒作为药物使用的国家之一。《药性考》称其“温中散寒，除风发汗，去冷癖，行痰逐湿”，中医用辣椒治疗胃寒、风湿等症，还广用于脾胃虚寒、食欲不振、腹部有冷感、泻下稀水、寒湿郁滞、少食苔腻、身体困倦、肢体酸痛、感冒风寒、恶寒无汗。

辣椒具有温中散热，开胃消食的功能，它既可作为调味品使用，又可作为菜肴食用。

四、食疗作用

（1）增加食欲、健胃、助消化　辣椒强烈的香辣味能刺激唾液和胃液的分泌，增加食欲，促进肠道蠕动，帮助消化。

（2）预防胆结石　常吃青椒能预防胆结石。青椒含有丰富的维生素，尤其是维生素 C，可使体内多余的胆固醇转变为胆汁酸，从而预防胆结石，已患胆结石者多吃富含维生素 C 的青椒，对缓解病情有一定作用。

（3）促进血液循环改善心脏功能　以辣椒为主要原料，配以大蒜、山楂的提取物及维生素 E，制成“保健品”，食用后能促进血液循环，改善心脏功能。此外，常食辣椒可降低血脂，抑制血栓形成，对心血管疾病有一定预防作用。

（4）降脂减肥，肌肤美容　辣椒含有一种成分，可以通过扩张血管，刺激体内生热系统，有效地燃烧体内的脂肪，加快新陈代谢，使体内的热量消耗速率加快，从而达到减肥的效果。辣椒能促进体内激素分泌，改善皮肤状况。

（5）预防癌症　辣椒的有效成分辣椒素是一种抗氧化物质，它可阻止有关细胞的新陈代谢，降低癌症的发生率。

（6）延缓衰老　中医认为辛辣食物既能促进血液循环，又能增进脑细胞活性，有助延缓衰老，舒缓多种疾病。

五、栽培技术

1. 品种选择

紫辣椒：紫龙一号。

紫甜椒：紫贵人，紫星，紫晶，佐罗等。

2. 栽培方式（华北地区）

栽培方式	育苗播种期	定植期	收获期
秋冬茬日光温室	7月下旬—8月下旬	9月上旬—10月上旬	12月—第2年5月
冬春茬日光温室	11月下旬—12月下旬	1月中旬—2月中旬	4月—6月
春大棚	1月下旬—2月中旬	3月中下旬	6月—8月
秋大棚	5月中下旬	6月下旬—7月上旬	9月—11月
日光温室周年栽培	6月7月	10月—第2年5月	一年一大茬

3. 培育壮苗

50孔穴盘基质育苗，按无土育苗技术要求进行，株高8～10cm、4～5片叶时定植。

4. 栽培方式及密度

高畦覆膜大小垄栽培方式，大行距60～70cm，小行距40～50cm，垄高12～15cm，穴距30～40cm，每穴单株。每667m^2保苗3500株左右。

5. 肥水管理

温度：白天25～28℃，夜间15～20℃。

水分：缓苗期、门椒坐果期各浇1次水，以后每隔8～15d浇1次水。

追肥：门椒坐果期、盛果期各追肥1次。

6. 整枝、吊蔓与疏花疏果

每株选留2～3条主枝，门椒和2～4节的基部花蕾及早疏去，从第4～5节开始留椒，以主枝结椒为主，及早剪去其他分枝和侧枝。收获前20d左右打掉全部顶尖，以保证商品率。棚室栽培的，采用银灰色吊绳固定植株；露地栽培的，可用竹竿搭围栏固定植株。结合整枝打杈，进行疏花疏果，每株可同时结果6个以内。

7. 主要病虫害及其防治

病害主要有炭疽病、疫病、青枯病、病毒病等；虫害有蚜虫、白粉虱、烟青虫等，应进行综合防治。

第三十六节　紫色人参果

一、简介

人参果（*Solanum muricatum*），又称香瓜茄、仙果、香艳梨，为茄科茄属多年生草本植物，原产南美洲安第斯山脉北麓，20世纪90年代初期引入我国栽培。

人参果果实形状多似心脏形和椭圆形，成熟时果皮呈金黄色，有的带有紫色条纹，有淡雅的清香。

二、营养分析

据分析，在每100g成熟鲜果中，含蛋白质1.9g，总糖3.1g，脂肪0.2g，总氨基酸1818mg，必需氨基酸253mg，特别是微量元素硒高达15μg，还含有钼3.44mg，镁11.2mg，铁6.59mg，锌1.14mg，锰0.39mg，钴0.332mg，维生素B_1 0.25mg，维生素B_2 0.27mg，维生素C 130mg，胡萝卜素0.9mg。从以上化验分析中可以清楚地看出，人参果所含的营养成分较高，也较为全面，具有较高的营养保健价值。

三、药用功效

性味：味甘，性温。

归经：入脾、胃二经。

功效：强心补肾、生津止渴、补脾健胃、调经活血。

主治：神经衰弱、失眠头昏、烦躁口渴、不思饮食。

中医认为，人参果的功效为生津止渴、补脾健胃。人参果内含有大量汁液，可以增加口中的津液而缓解口渴、咽喉干燥等病。人参果还能增加食欲、加强肠胃的吸收功能。现在发现人参果还能改善神经衰弱、失眠、头昏等症状。

人参果果肉清爽多汁，风味独特。它具有高蛋白、低糖、低脂等优点，还富含维生素C以及多种人体所必需的微量元素，尤其是硒、钙的含量远高于其他的果实和蔬菜。因此人参果有抗癌、抗衰老、降血压、降血糖、消炎、补钙、美容等功能。

人参果富含维生素C，能软化血管，刺激造血功能，增强机体抗感染能力，用于防治坏血病、各种急性传染病、肝胆疾病以及过敏性疾病等。

四、食疗作用

（1）维持机体正常的生理功能，激活人体细胞，保护心血管等脏器　人参果所富含的硒、钼、钴、铁、锌为人体必需的微量元素。其硒元素含量之高，在中国蔬菜、水果品种中极为少见。硒元素是一种强氧化剂，能维持机体正常的生理功能，激活人体细胞，保护心血管等；硒还能刺激免疫球蛋白及抗体的产生，增强机体对疾病的抵抗力。对各种癌症和冠心病、高血压、糖尿病有良好的防治作用，是目前理想的食疗保健水果。

（2）抑制恶性肿瘤　人参果因其富含多种微量元素，而这些微量元素可增强人体免疫力，维持免疫细胞的正常功能，促进各种维生素及营养的吸收、利用，因此可抑制恶性肿瘤细胞的裂变。

（3）增强体质，促进健康　人参果的钙含量高，每100g鲜果中含钙量最高可达910mg，是西红柿的114倍、黄瓜的36.4倍，这对中老年和青少年增强体质、促进健康有着十分重要的意义。人参果具有强心、益智、减肥、提高免疫功能及增白美容等功效。

五、栽培技术

1. 繁殖方式

（1）种子繁殖

（2）扦插育苗

扦插繁殖育苗，是人参果普遍采用的一种简单方法。即取人参果茎枝，剪成插条（插穗）后，插于土壤中，让其在适宜的环境条件下生根发芽，独立长成健壮的植株。

2. 整形

人参果分枝萌发力极强，每株在10~20cm之间留3~4个枝条为结果枝条，其余枝条全部剪去；开花结果后每束花果只能留1~2个果，这样果大品质好。

3. 搭架护果

挂果后枝条承受不了果的质量，必须用60~100cm长的竹木条扦插并将果系牢，以防断枝烂果造成损失。

4. 肥水管理

除施足底肥外，应追肥两次：一次是在果苗生长到30cm左右时；另一次在果苗接近开花时。3—6月、9—11月是人参果生长发育和开花结果需水最多的时期，应及时浇水。

5. 主要病虫害及其防治

人参果的主要病害有疫霉和灰霉病，可用百菌清、多菌灵、甲基托布津等进行防治；主要虫害有蚜虫和红蜘蛛，可用三氯杀虫螨醇、哒嗪酮、灭扫利等交替使用进行防治。

第三十七节 紫秋葵

一、简介

秋葵（*Abelmoschus esculentus*），又称补肾菜、羊角豆，为锦葵科秋葵属多年生草本植物，作一年生栽培。原产于非洲，埃及及加勒比海的安提瓜、巴巴多斯种植较多，之后引入美洲地区，我国从印度引进，已种植60多年，现在全国各城市周边都有少量栽培。目前在欧洲、非洲、中东、印度及东南亚等热带地区广泛栽培，秋葵已成为人们所热追高档营养保健蔬菜，风靡全球。它的可食用部分是果荚，又分绿色和紫色两种，其脆嫩多汁，滑润不腻，香味独特，深受百姓喜爱。

秋葵植株高，夏、秋开花，花大美丽，适用于篱边、墙角点缀，包可作林缘、建筑物旁和零星空隙地的背景材料。

二、营养分析

据测定，每100g鲜秋葵含热量150kcal，蛋白质2g，脂肪0.1g，碳水化合物11g，钙45mg，铁0.1mg，磷65mg，钾95mg，钠3.9mg，铜0.07mg，镁29mg，锰0.28mg，锌0.23mg，硒0.51μg，维生素A 2mg，维生素C 4mg，维生素E 1.03mg，胡萝卜素310mg。

秋葵是一种具有较高营养价值的新型保健蔬菜，2008年曾作为我国奥运会运动员专用蔬菜，帮助运动员快速恢复体力。美国、英国、法国、日本等国都把它列入新世纪最佳绿色食品名录之中；美国人还给了它一个更容易被记住的名字——植物伟哥；日本人称之为“绿色人参”；秋葵被许多国家定为运动员的首选蔬菜。

三、药用功效①

性味：味苦、辛，无毒。

四、食疗作用

（1）适合前列腺炎、男性性功能弱、胃炎、内分泌失调、未老先衰、易

① 紫秋葵的药用功效目前尚无报道。——编者注

疲劳、胃溃疡、贫血、消化不良、便秘、口臭、上火等症的辅助食疗。

（2）强肾补虚，对男性器质性疾病有辅助治疗作用；对青壮年和运动员而言，经常食用，有助于消除疲劳、恢复体力，而且所有人群均适用。

（3）帮助胃肠蠕动　秋葵分泌的黏蛋白有保护胃壁的作用，并促进胃液分泌，提高食欲，改善消化不良，降低胆固醇，预防心血管疾病，适合于慢性胃病及“三高”人群。

（4）有益于视网膜健康、维护视力　秋葵嫩荚丰富的维生素 A 与胡萝卜素，有助于青少年防止近视。

（5）秋葵嫩荚丰富的可溶性膳食纤维和维生素 C，不仅对皮肤具有保健作用，且能使皮肤美白、细嫩。

（6）秋葵嫩荚中丰富的植物黄酮，一定程度上能与各营养元素结合而促进人体全方位的自我调理，从而确保内分泌平衡；有助于抗衰老、抗疲劳、增耐力、加快血液循环。

五、栽培技术

1. 栽培季节

露地一年种植一茬。南方 2 月—9 月均可播种，北方在春季终霜后即可露地播种，也可先育苗，终霜后定植，在秋季初霜前采收。

2. 栽培方式

（1）直播　北方地区断霜后播种，采用畦田平播方式，大行距 100cm，小行距 50cm，穴距 45 ~ 55cm，每穴播种 2 ~ 3 粒种子，然后覆盖地膜。用种量 667m^2 300 ~ 400g。出苗后间苗，每穴留一株健壮苗。

（2）育苗移栽　用营养钵在温室或大棚内育苗，苗龄 30 ~ 40d，3 ~ 4 片真叶时按株行距要求进行定植。

3. 追肥浇水

紫秋葵植株高大，需水量大，出苗后浇 1 次全苗水，移栽后浇 1 次缓苗水，开花坐果期要经常浇水，保持土壤湿润；7 月—8 月份高温，又值采收盛期，需水量大，要保证水分供应。秋葵整个生育期追肥 3 次，第 1 次结合缓苗水追肥，7 月—8 月进入开花结果期，第 2 次追肥，生长后期追第 3 次肥。

4. 植株调整

对于分枝强的品种，及时去掉部分侧芽，一般只保留 2 ~ 3 个健壮的侧芽发育成侧枝。

5. 采收

秋葵的采收期非常严格。短果型者，果长 5 ~ 7cm 采收；长果型者，果长

7～10cm 采收。采收适期一般为谢花后 5～6d，初果期每 2～3d 采收 1 次，果期每天采收 1 次。

6. 主要病虫害及其防治

秋葵主要病害有病毒病，虫害有棉铃虫、蚜虫、蓟马等。在病虫害发生期，用针对性药剂进行灭杀。

第三章　紫色、黑色水果

第一节　紫葡萄

一、简介

紫葡萄（*Vitis romanetii*），正名为秋葡萄，木质藤本。花期4～6月，果期7～9月。葡萄为葡萄科植物葡萄的果实，果可食或酿造果酒，并有药效。原产西亚，在中国长江流域以北各地均有产，主要产于新疆、甘肃、山西、河北等地。

二、营养分析

据分析，每100g可食部分含热量43kcal，膳食纤维1g，蛋白质0.7g，脂肪0.3g，碳水化合物10.3g，钙10mg，铁0.5mg，磷10mg，钾151mg，钠1.8mg，铜0.27mg，镁9mg，锌0.33mg，硒0.07μg，锰0.12mg，维生素A 10mg，维生素C 3mg，胡萝卜素60mg。

三、药用功效

性味：性平、味甘酸。

入经：入肺、脾、肾经。

功效：具有滋肝肾、生津液、强筋骨，补益气血、通利小便的功效。

主治：气血虚弱、肺虚咳嗽、心悸盗汗、风湿痹痛、淋症、浮肿等症，也可用于脾虚气弱、气短乏力、水肿、小便不利等病症的辅助治疗。

《神农本草经》：筋骨湿痹，益气，倍力强志，令人肥健，耐饥，忍风寒。久食，轻身不老延年。

紫葡萄中含的类黄酮是一种强力抗氧化剂，可抗衰老，并可清除体内自由基。

四、食疗作用

（1）美容护肤 葡萄堪称水果界的美容大王，它的果肉、果汁和种子内都含有许多对肌肤有益的营养成分，它具有抗氧化、防皱和除皱等功效，还能让肌肤保湿，让肤色变得更加水润透亮，此外，葡萄中所含的多酚可保护肌肤，令肌肤再生，使肌肤更有弹性。

（2）阻止血栓形成 法国科学家研究发现，葡萄能比阿司匹林更好地阻止血栓形成，并且能降低人体血清胆固醇水平，降低血小板的凝聚力，对预防心脑血管病有一定作用。

（3）防止健康细胞癌变 葡萄中含有一种抗癌微量元素，可以防止健康细胞癌变，阻止癌细胞扩散。

（4）有益老年人和少年身心健康 葡萄中含有矿物质钙、钾、磷、铁以及维生素 B_1、维生素 B_2、维生素 B_6、维生素 C 和维生素 P 等，还含有多种人体所需的氨基酸，常食葡萄对神经衰弱、疲劳过度大有裨益。

（5）食用禁忌 糖尿病患者、便秘者不宜多吃。

五、栽培技术

1. 品种选择

紫色葡萄品种很多，约近百种。根据其原产地不同，分为东方品种群及欧洲品种群。中国栽培历史久远的“龙眼”“黑鸡心”等均属于东方品种群；“玫瑰香”“加里酿”等属于欧洲品种群。适合鲜食的品种有巨峰、滕稔、京秀、美人指、红宝石、蜜汁等。

2. 定植

葡萄栽植在通风、向阳、排水良好的肥沃地块。棚架栽植葡萄株距 1.5～3m，行距 3～6m，667m^2 栽 37～148 株。现代早期丰产园采用小棚架，葡萄株行距 1～1.5m×3m，667m^2 栽 200 株左右；篱架栽培葡萄株行距(1.5～2) m×(1.5～3) m，667m^2 栽 111～296 株。栽植前先挖 80cm×80cm×80cm 的定植穴，或 80cm 宽、80cm 深的条状定植沟，667m^2 施土杂肥 5000～10000kg，与土壤分层混合回填后栽植苗木。

我国北方多采用春季栽植，一般在 4 月中下旬即可进行田间定植。定植前用利刀将嫁接口外面的包扎物除干净（嫁接苗成活后要及时抹除嫁接口下部砧木上萌发的砧梢，以确保品种纯度和长势），所栽苗木埋土致根茎处并浇足定植水，再埋细土将苗木埋一小土堆保湿防干，使其提早发芽。

3. 肥水管理

葡萄定植后要经常清除杂草，疏松土壤，以保墒情。定植后1~2年内可适当间作花生、草莓、豆类等矮秆作物。葡萄需肥量大，无论是幼树还是成年树，施足有机肥是丰产优质的基础。一般每年667m^2施土杂肥或圈肥、绿肥等5000~10000kg，采用沟施法，就是在葡萄行间挖条状沟施入，沟深50cm，宽80cm，施入肥料后覆土盖好。其次，应注意合理追肥，每年追肥3~4次。第一次在萌芽前进行，以速效氮肥为主，每株追尿素0.05~0.1kg；第二次追肥在谢花后8~10d，果粒有绿豆大小进行，以速效氮肥和钾肥为主，每株可施尿素0.05~0.1kg，配以一定的人粪尿；第三次追肥在果实着色前半个月内进行，以磷钾为主，仍配以一定量的人粪尿；第四次追肥在采果后进行，可结合秋施基肥追施一些尿素。

葡萄的灌溉，首先是出土后至萌芽前灌促萌芽水；其次是花前花后7~10d灌保花保果水，对提高坐果率和幼果膨大作用十分显著；越冬前灌防寒水，防根系冻害和来年春旱。灌水量达到渗到根系分布层，一般达60~80cm深。雨季要注意排水。

4. 整形

葡萄整形可采用棚架式、小棚架式或篱架式。

(1) 棚式结构　枝蔓和花果分布在一个平面上。其整形可采用龙干整形较适宜，龙干整形又可分为独龙干、双龙干和三杈干。独龙干在架面上只留一个主蔓，整形分三年完成：定植当年新梢长到80cm左右摘心，抽出副梢后，顶端第一个副梢继续沿架面伸长，待长到60~70cm时二次摘心，其余副梢从地面30cm起每隔15~20cm留一个培养成结果母枝。第二年以头年顶端副梢前面抽生的壮枝为延长头去爬架面，头一年副梢形成的结果母枝和主蔓上的冬芽抽生的结果枝结果。第三年继续布满架面，并适当安排结果枝，培养结果枝组，早成形、早结果，这种树形无侧蔓，结果枝组均匀地分布在主蔓两侧，整形容易，结果早。如主蔓为两个或三个，则成双龙干或三龙干，整形方法可参照独龙干。

(2) 小棚架式　小棚架式是从篱架和棚架式发展而来的，它既可克服篱架葡萄抗病性差的缺点，又可促进果实着色。其结构为行距3m，株距0.75~1m，每行中隔3~5m立一支柱，支柱高1.5~1.7m，另在距该行2m处按同样密度立一排支柱，高1.8~2.1m，然后在相同位置的左右两个支柱上搭一斜梁，斜梁上拉5根铁丝。小棚架让葡萄枝蔓均匀布满架面，果穗挂在棚架的斜面下面。具体在苗木定植第一年，在主蔓70~80cm处摘心，发生副梢后选留2个壮梢并将其引缚到棚面上，并逐步布满架面。篱架的架面与地面垂直，沿行向每隔5~6m立一水泥支柱，支柱上拉3~4道铁丝，葡萄枝蔓均匀地绑缚于铁丝上，形似篱笆。

（3）篱架式 为扇形整形。这种方法是在架面上安排4～6条主蔓，呈扇形分布于架面上，具体做法是：定植当年选留2～3根主蔓重点培养，冬剪时将其中1～2根较壮的留30～40cm短截，次年春萌发后一边结果，一边发展架面，较弱的枝蔓在定植当年冬剪时留1～2芽短截，次春萌发1～2根新梢后留10片叶左右摘心，在布满架面的同时，又能增加前期产量。

5. 修剪

修剪是每年都要进行的工作。葡萄修剪可分为冬剪和夏剪。

（1）冬剪 主要应考虑两个问题：一是单位面积内的留枝量，二是如何确定结果母枝的剪留长度。一般每平方米留10～12个壮梢，相当于结果母枝上每10～15cm留一个新梢。至于结果母枝的剪留长度要根据品种习性、整形方法、枝蔓用途以及树势、树龄等具体问题来定。既要最大限度地安排结果，又要注意营养状况和通风透光条件，还要注意更新结果，调节好生长与结果的均衡关系。如在冬剪时留枝量少，结果母枝的剪留长度可长一些，反之剪留可短一些；品种长势强或抗病性强，结果母枝的剪留可长一些，反之品种长势弱或抗病性弱，结果母枝剪留应短些。结果枝组更新采用单枝更新，将一年生枝留2～3芽短截，第二年抽枝结果后，冬剪时再选留下部的一年生枝短剪作为结果枝，其余枝条一律剪除，以后每年如此回缩更新，保证结果枝组的结实力。同时积极做好摘心、引缚枝蔓等。

（2）夏剪 新梢摘心是控制生长和调节营养分配的有效方法，一般在开花前5～10d进行摘心，能使新梢暂时停止生长，树体营养多分配到花序上，促进花序发育良好，提高坐果率而减少落花落果。一般在花序前方留5～6片叶摘心为宜，对无花而又要留作营养枝的，留7～8片叶摘心，随着新梢的再次生长，顶部留2～4片叶摘心，对副梢每次留一叶反复摘心。

6. 花果管理

（1）疏花穗 花前同主梢摘心同步进行，一般强旺枝留2穗，特强枝留3穗，弱枝留1穗，细弱枝不留果，但可培养成结果母枝次年结果，大粒果品种一般强枝留1穗，特强枝留2穗。

（2）疏花序 始花前5～7d将副穗除去，同时将花序尖掐掉1/3。

（3）疏果 大果粒品种如滕念，必须进行严格的疏果，一般每穗果留25～30粒，不超过35粒。疏果在果粒长到黄豆粒大小时进行，同时疏掉畸形果、病果。

（4）套袋 套袋是生产优质葡萄的重要手段，尤其是大粒葡萄，套袋更能促进果粒增大和果面光洁美观。套袋在疏果后进行，果袋可选用葡萄专用果袋，也可用报纸自制使用，但要在套袋前细致地将果粒打一遍杀菌剂。

7. 主要病虫害及其防治

葡萄易发生的病害有霜霉病、白粉病、黑豆病、白腐病等，虫害较少，主要有二星叶蝉、透翅蛾等。

（1）加强田间管理，增强植株自身抗性。

（2）及时清除落叶杂草，剪除枯死枝条，清除病果病穗，创造好的生态环境。

（3）发芽前喷一遍波美5度石硫合剂；展叶后喷一遍1∶2∶200倍波尔多液；花后到采果前每隔10～15d再喷一遍1∶2∶200倍波尔多液。

（4）如蚜虫严重，可喷一次吡虫啉（蚜虫灵）；霜霉病或白粉病较重，可喷1～2次90%甲基托布津可湿性粉剂800～1000倍液，或40%乙磷铝可湿性粉剂200倍液或25%瑞毒霉500～600倍液。

（5）采果后再喷1～2次1∶2∶200倍液波尔多液。

8. 防寒越冬和出土上架

（1）防寒越冬　北方葡萄栽培，冬季必须埋土防寒，才能安全越冬。埋土时间应在土壤封冻前进行。如果过早，会因土温过高，湿度大使芽眼发生霉烂；过晚则因土壤封冻不易取土，并因土块大、封土不严而达不到防寒目的。应根据当地气候特点和品种抗寒力，确定防寒土厚度和幅宽。将枝蔓压倒顺着行向平放在地面上，捆成一束，直接用土覆盖。然后盖上玉米秸，再覆盖旧塑料、草帘等。覆盖的土块一定打碎，防止透风，取土部位尽可能离植株远些，一般距葡萄行1.2m以上部位取土，以减少根系冻害。冬季防寒层出现裂缝要及时弥补。防寒时期，可分两次进行，10月中旬第一次，10月下旬或11月初，土壤封冻前完成第二次埋土。

（2）出土上架　通常在土壤解冻后开始到萌发前完成。出土过早，对植株前期生长不利，特别是在春季天气寒冷、干旱风大的地区和年份，应略晚些时间出土为宜，但一定要在萌芽前出土。

第二节　桑葚

一、简介

桑葚（*Fructus Mori*），又名桑实、乌葚、文武实、黑葚、桑枣、桑葚子、桑粒、桑果，为桑科落叶乔木桑树的成熟果实，中国大部分地区均产，主要在江苏、浙江、湖南等地，生于丘陵、山坡、村旁、田野等处，多为人工栽培。成熟的桑葚质地油润，酸甜适口，以个大、肉厚、色紫红、糖分足者为佳。每年4—6月果实成熟时采收，洗净，去杂质，晒干或略蒸后晒干食用。人们喜欢其成熟的鲜果食用，鲜食以紫黑色为补益上品，味甜汁多，是人们常食的水果之一。

中国是世界上种桑养蚕最早国家，也是中华民族对人类文明的伟大贡献之一。桑树的栽培已有七千多年的历史。在商代，甲骨文中已出现桑、蚕、丝、帛等字形。到了周代，采桑养蚕已是常见农活。春秋战国时期，桑树已成片栽植。

二、营养分析

成熟的桑葚果实营养丰富，每100g桑葚（紫、红）的营养成分：热量48kcal，膳食纤维3.3g，蛋白质1.6g，脂肪0.4g，碳水化合物12.9g，钙30mg，铁0.3mg，磷33mg，钾32mg，钠1.9mg，铜0.06mg，锰0.29mg，锌0.25mg，硒6.5μg，维生素A 3μg，维生素E 12.78mg，胡萝卜素20μg。此外，还含有鞣酸，苹果酸，维生素C和脂肪酸等。其脂肪主要为亚油酸、油酸、软脂酸、硬脂酸和少量辛酸、壬酸、癸酸、肉豆蔻酸、亚麻酸等。

三、药用功效

性味：甘；酸；性寒。

归经：入肺、肝、肾、大肠经。

功效：滋阴补血，生津润燥。

主治：肝肾不足和血虚精亏的头晕目眩；腰酸耳鸣；须发早白；失眠多梦；津伤口渴；消渴；肠燥便秘。

中医学认为桑葚补益肝肾，滋阴养血，息风，具有主治心悸失眠、头晕目眩、耳鸣、便秘盗汗、瘰疬、关节不利等病症。具有补肝益肾、生津润肠、乌发明目、止渴解毒、养颜等功效，适用于阴血不足、头晕目眩、盗汗及津伤口渴、消渴、肠燥便秘等症。

四、食疗作用

（1）防止血管硬化　桑葚中含有脂肪酸，主要由亚油酸。硬脂酸及油酸组成，具有分解脂肪，降低血脂，防止血管硬化等作用。

（2）健脾胃，助消化　桑葚中含有鞣酸、脂肪酸、苹果酸等营养物质，能帮助脂肪、蛋白质及淀粉的消化，故有健脾胃助消化之功，可用于治疗因消化不良而导致的腹泻。

（3）防治高血压　桑葚中含有大量的水分、碳水化合物、多种维生素、胡萝卜素及人体必需的微量元素等，能有效地扩充人体的血容量，且补而不腻，适宜于高血压、妇女病患者食疗。

（4）乌发美容　桑葚中含有大量人体所需要的营养物质，还含有乌发素，能使头发变得黑而亮泽，可用来美容。

（5）防癌抗癌　桑椹中所含的芸香苷、花色素、葡萄糖、果糖、苹果酸、钙质、无机盐、胡萝卜素、多种维生素及烟酸等成分，都有预防肿瘤细胞扩散，避免癌症发生的功效。

五、栽培技术

桑树是多年生植物，一经种植，多年收益，为使新植桑园能够种得下、稳得住、能养蚕、见效益，在桑园规划时掌握连片规划的原则。

1. 品种选择

中国收集保存的桑树种质分属 15 个桑种 3 个变种，是世界上桑种最多的国家。其中栽培种有鲁桑、白桑、广东桑、瑞穗桑；野生桑种有长穗桑、长果桑、黑桑、华桑、细齿桑、蒙桑、山桑、川桑、唐鬼桑、滇桑、鸡桑；变种有鬼桑（蒙桑的变种）、大叶桑（白桑的变种）、垂枝桑（白桑的变种）等。

2. 繁殖

种子、嫁接和压条繁殖。

（1）压条繁殖　早春将母株横伏固定于地面，埋入沟中，露出顶端，培土压实，待生根后与母体分离，春或秋季进行定植。

（2）种子繁殖　采取紫色成熟桑葚，搓去果肉，洗净种子，随即播种或湿砂贮藏。春播、夏播、秋播均可。夏播、秋播可用当年新种子。播前用 50℃温水浸种，待自然冷却后，再浸泡 12h，放湿砂中贮藏催芽，经常保持湿润，待种皮破裂露白时即可播种，按行株距 20cm×30cm 开沟，沟深 1cm，每 $1hm^2$ 用种量 7.5～15kg。覆土。约经 10d 出苗。苗高 3～4cm 间苗，去弱留强，并补苗。春、秋季按株距 10～15cm 定苗。

（3）嫁接繁殖　袋接，于嫁接前 20d，剪接穗，湿砂贮藏，使砧木剪口处的皮层和木质部分离成袋状，然后插入接穗，以插紧为止。

芽接，春、夏季用“T”形芽接或管状芽接（套接）。

3. 整地施肥

将土地平整、清除杂物，进行深翻。深翻前每 $667m^2$ 撒施土杂肥或农家肥 4000～5000kg，深翻 30～40cm。

4. 栽植密度与形式

每 $667m^2$ 移栽桑苗 1000 ~ 1200 株。

宽窄行种植　水肥条件好、平整的地块，采用宽窄行种植，三角形对空移栽。要求大行距 2m，小行距 0.6m，株距 0.5m。

等行种植　水肥条件差的台地、缓坡地宜采用等行栽，行距 1.3m，株距 1.2 ~ 0.5m。

5. 定植　种植前将枯萎根、过长根剪去，并在泥浆中浸泡一下，可提高成活率。要求苗正、根伸，浅栽踏实，浇足定根水，覆盖地膜。

6. 田间管理

（1）移栽后的管理

①剪干。移栽后离地面 5 ~ 7 寸剪去苗干，冬栽的进行春剪，春栽的随栽随剪，要求剪口平滑。

②疏芽。待新芽长至 4 ~ 5 寸时进行疏芽，每株选留 2 ~ 3 个发育强壮、方向合理的桑芽养成壮枝。

③摘心。对只有一个芽的，待芽长至 2cm 时进行摘心，促其分枝，提早成园。

④补缺。桑芽萌发后，及时检查，未成活的及时进行补种。

⑤排灌。旱要浇水，雨天排涝，提高成活率。

⑥加强除草、施肥。及时浅耕除草，疏芽、摘心后每 $667m^2$ 施尿素10 ~ 15kg。

（2）中耕除草　一般每年进行 2 ~ 3 次除草。

（3）施肥　每年进行四次施肥。

①春肥。于桑芽萌动时施，每 $667m^2$20kg 尿素。

②夏肥。春蚕结束后施，每 $667m^2$20kg 尿素，桑树专用复合肥 25kg。

③秋肥。早秋蚕结束后施，每 $667m^2$ 施尿素 5kg，桑树复合肥 10kg。

④冬肥。12 月初施，每 $667m^2$ 施农家肥 1500 ~ 2000kg。

（4）修剪　分春剪与夏剪两种　春剪于大寒、立春节令进行。

夏剪桑园要求桑树年龄在 3 年以上，桑树长势旺盛，水肥条件好的地块，春剪与夏剪交替进行。

大寒、立春节令进行封梢，剪去枝条的 1/3 ~ 1/2，春蚕饲养结束后进行剪条，封梢桑树待春蚕进入四龄时进行摘心，使桑叶成熟。

7. 主要病虫害及其防治

桑树有桑萎缩病、桑疫病、桑褐斑病、桑根结线虫病等。虫害有桑螟、桑蟥、桑象虫、桑白蚧、桑天牛、桑蓟马、桑始叶螨等为害，应及时进行综合防治。

第三节 蓝莓

一、简介

蓝莓（*Semen Trigonellae*），又名笃斯、黑豆树（大兴安岭）、都柿（大小兴安岭、伊春）、甸果、地果、龙果、蛤塘果（吉林）、讷日苏（蒙古族语）、吉厄特、吾格特（鄂伦春语）等，为杜鹃花科越橘属多年生低灌木。原生于北美洲与东亚，分布于朝鲜、日本、蒙古、俄罗斯、欧洲、北美洲以及中国的黑龙江、内蒙古、吉林长白山等国家和地区，生长于海拔900～2300m的地区。

蓝莓果实中含有丰富的营养成分，尤其富含花青素，它不仅具有良好的营养保健作用，还具有防止脑神经老化、强心、抗癌软化血管、增强人体免疫等功能。蓝莓栽培最早的国家是美国，但至今也不到百年的栽培史。因为其具有较高的保健价值所以风靡世界，是世界粮食及农业组织推荐的五大健康水果之一。

中国的蓝莓栽培起步较晚，主要以高从、半高丛、矮丛以及兔眼蓝莓为主。地域分散，种植面积截至2009年春天大约在20000余亩，主要分布于黑龙江、山东、吉林、辽宁、江苏、贵州、云南等，其中山东省产业化种植面积最大。

二、营养分析

蓝莓营养丰富，不仅富含常规营养成分，而且还含有极为丰富的黄酮类和多糖类化合物，因此又被称为“水果皇后”和“浆果之王”。目前已知，每100g蓝莓鲜果中含热量56kcal，膳食纤维3.3g，蛋白质0.74g，脂肪0.33g，碳水化合物12.9g，钙8mg，铁0.2mg，磷9mg，钾70mg，钠1mg，铜0.04mg，镁5mg，锌0.26mg，硒0.1μg，维生素A 9μg，维生素B_1 0.03mg，维生素B_2 0.03mg，维生素C 9mg，维生素E 1.7mg，胡萝卜素55μg。

蓝莓的营养价值不仅在于它的常规营养成分，而更在于它的特殊营养成分。

（1）花青素 花青素是一种非常重要的植物水溶性色素，属于纯天然的抗衰老营养补充剂，是目前人类发现的最有效的抗氧化生物活性剂。蓝莓中花青素含量非常高，同时花青素种类也十分丰富，研究发现高丛蓝莓果中含花青素成分竟高达15种，虽然不同品种蓝莓中花青素的含量并不相同，但普遍含量相对较高。

（2）总酸和有机酸　蓝莓中有机酸含量约占总酸含量的一半以上。有机酸中大部分是枸橼酸，其他的有熊果酸、奎宁酸和苹果酸等。熊果酸又称乌索酸，属于一种弱酸性五环三萜类化合物，是多种天然产物的功能性成分，具有广泛的生物学活性，特别在抗肿瘤等方面作用突出。

（3）酚酸　蓝莓中含有多种多酚类物质，酚酸就是其中重要的一类。酚酸类物质是酚类物质的一种，具有良好的营养功能和抗氧化等药理活性。蓝莓中的酚酸有十余种，其中含量最高的是氯原酸，又称咖啡鞣酸。研究发现其对多种癌症（肺癌、食管癌等）有明显的抑制作用，同时抗氧化作用也非常强大。

（4）超氧化物歧化酶　超氧化物歧化酶（SOD）是广泛存在于生物体内的一种酸性金属酶，是生物体内重要的自由基清除剂，其主要作用是能专一地清除生物氧化中产生的超氧阴离子自由基，被誉为“21 世纪的保健黄金”。蓝莓中 SOD 含量丰富，虽然不同品种蓝莓中的 SOD 含量略有差异，但总体上相差不大。

（5）果胶　果胶是一类多糖高分子聚合物的总称。科学研究发现，果胶能够有效地清除人体内未消化的食糜和其他多种肠道有毒有害物质，蓝莓中果胶含量丰富，约是一般苹果或香蕉果胶含量的 1 ~ 3 倍。

（6）紫檀芪　因最早在紫檀植物中被发现而得名。2004 年科学家才首次在蓝莓和葡萄等浆果类植物果实中分离出紫檀芪。研究发现，紫檀芪同样具有良好的抗氧化、抗癌、抗炎和抗糖尿病等功效。紫檀芪在抗癌方面的作用也受到人们的高度关注，尤其是在抗结肠癌方面，紫檀芪表现出非常喜人的功效。

三、药用功效

性味：平、甘。

功效：护心，明目，养颜护肤，消炎止痛，抗癌抗瘤，抗衰，抗辐射。

药用价值：能有效降低胆固醇，防止动脉粥样硬化，促进心血管健康；有增强心脏功能、预防癌症和心脏病的功效，能防止脑神经衰老、增强脑力；可以强化视力，减轻眼球疲劳。此外，蓝莓还可以治疗一般的伤风感冒、咽喉疼痛以及腹泻等症。

四、食疗作用

（1）预防近视，保护视力　蓝莓中含量非常高的花青苷色素对眼睛具有很好地保养的作用，它可以缓解眼睛疲劳、改善人的视力。

（2）预防癌症，抵抗心脏病　蓝莓中富含丰富维生素、矿物质和纤维元素等营养成分，食用蓝莓可以提高人体免疫力，提高人体素质，有预防癌症，抵抗心脏病的功效。

（3）延缓人体衰老　蓝莓果胶丰富，食用蓝莓可以稀释人体脂肪，保护人体心脑血管的健康。蓝莓中含有丰富的抗氧化剂，可以延缓人体的衰老。

（4）抑制血小板聚集，预防大脑病变、动脉硬化　蓝莓中的花色苷有很强的抗氧化性，可抗自由基、防止细胞的退行性改变，对于抑制血小板聚集，预防大脑病变、动脉硬化等病症具有一定的效果，同时还可以强化毛细血管、改善血液循环、减弱血小板的黏滞性、防止血凝块产生、增强心脑功能、增强儿童骨质密度、防止便秘。

老少皆宜食用，每次 10～20 个，腹泻时勿食。

五、栽培技术

1. 品种选择

（1）矮丛蓝莓　树体矮小，高 30～50cm。抗寒，在 −40℃低温地区可以栽培。对栽培管理技术要求简单，极适宜于东北高寒山区大面积商业化栽培。667m^2 产量 500kg 左右。

①美登加拿大品种。中熟。在长白山区 7 月中旬成熟。果实圆形、淡蓝色，被有较厚果粉，风味好，有清淡爽人香味。树体生长健壮、丰产。抗寒力极强，为高寒山区发展蓝莓首推品种。

②芬蒂加拿大品种。中熟。果实大小略大于美登，淡蓝色，被果粉。丰产，早产。

（2）半高丛蓝莓　由高丛蓝莓和矮丛蓝莓杂交获得，果实大，品质好，树体相对较矮，抗寒力强，一般可抗 −35℃低温，适应北方寒冷地区栽培。树高 50～100cm。

①北陆美国品种。中早熟。树体生长健壮，中度开张，树高可达 1.2m。抗寒，极丰产。果实中大、圆形、中等蓝色，质地中硬，果蒂痕小且干，成熟期较为集中，风味佳。

②北蓝美国品种。晚熟。树体生长健壮，树高约 1m，抗寒，丰产性好。果实大、暗蓝色，肉质硬，风味佳，耐贮。

③北村美国品种。中早熟。树体中等健壮，树高 70cm，抗寒，早产，丰产，连续丰产。果实中大、亮天蓝色，口味甜酸，风味佳。

（3）高丛蓝莓　包括南高丛蓝莓和北高丛蓝莓两大类。南高丛蓝莓喜湿润、温暖气候条件，适于中国黄河以南地区如华中、华南地区发展；北高丛蓝莓喜冷凉气候，抗寒力较强，有些品种可抵抗 -30℃低温，适于中国北方沿海湿润地区及寒地发展。此品种群果实较大，品质佳，鲜食口感好。可以作鲜果市场销售品种栽培，也可以加工或庭院自用栽培。

①康维尔美国品种。中熟品种。生长势强，丰产，果实大，中等蓝色，鲜食、加工品质俱佳。该品种的一个突出特点是：果实成熟期长，在长春地区从第一批果实成熟到最后一批果实成熟可延续 45d。为供应本地鲜果市场的一个优良品种。

②达柔美国品种。晚熟。树体生长健壮，直立，连续丰产。果实大、淡蓝色，肉质硬，果蒂痕中，风味好。

③蓝丰美国品种。中熟。树体生长健壮，开张，抗旱能力极强。极丰产且连续丰产能力强。果实大、淡蓝色，果粉厚，肉质硬，果蒂痕干，具清淡芳香味，风味佳。

（4）兔眼蓝莓　树体高大、寿命长、抗湿热、对土壤条件要求不严，且抗旱。但抗寒能力差，-27℃低温可使许多品种受冻。适应于中国长江流域以南、华南等地区的丘陵地带栽培。向南方发展时要考虑栽培地区是否能满足 450～850h <7.2℃的冷温需要量；向北发展时要考虑花期霜害及冬季冻害。

①芭尔德温美国品种。晚熟。植株生长健壮、直立，树冠大，连续丰产能力强，冷温需要量为 450～500h。抗病能力强。果实成熟期可延续 6～7 周，果实大、暗蓝色，果蒂痕干且小，果实硬，风味佳。

②园蓝美国品种。晚熟。植株生长健壮。果实大、淡蓝色、质地硬、果蒂痕干、充分成熟后风味佳。

③粉蓝美国品种。早熟。植株生长健壮，树冠开张、果实大、极丰产。果实大至极大、悦目蓝色、质硬、果蒂痕干、具芳香味、风味极佳。

2. 园地选择及土壤改良

蓝莓喜酸性、松软、疏松透气、富含有机质的土壤，一般要求土壤 pH 为 4.5～5.5，有机质含量一般为 8%～12%。如果当地降雨量不足，需要有充足水源。园地选好后，在定植前 1 年结合压绿肥深翻，深度以 20～25cm 为宜，深翻熟化。如果杂草较多，可提前 1 年喷施除草剂，杀死杂草。

对于 pH 偏高的地块，可用土壤施硫磺（S）粉的方法进行改良。施入硫磺（S）粉后一个月土壤 pH 迅速下降，第二年仍可保持较低的水平。施硫磺（S）粉要在定植前一年结合整地进行，将硫磺（S）粉均匀撒入地中，然后进行深翻。不同的土壤类型施用硫磺（S）粉的用量也不同。

3. 定植

（1）定植时期春栽和秋栽均可，其中秋栽成活率高，春栽则宜早。

（2）株行距　兔眼蓝莓常采用 2m × 2m 或 1.5m × 3.0m；高丛蓝莓 1.2m ×2.0m；矮丛蓝莓 0.5m ×1.0m。

4. 肥水管理

（1）土壤管理　蓝莓根系分布较浅，而且纤细，没有根毛，因此要求疏松、通气良好的土壤条件。

（2）施肥　蓝莓施肥中提倡氮、磷、钾配比使用，肥料比例大多趋向于 1∶1∶1。氮肥提倡使用硫酸铵等氨态氮肥，并且可降低土壤 pH；蓝莓对氯敏感，不要选用氯化铵、氯化钾等肥料。

土壤施肥时期一般是在早春萌芽前进行，可分两次施入，在果实采收结束后再施一次。

（3）杂草控制　蓝莓园杂草很难控制，使用除草剂往往会对蓝莓树体产生伤害，引起枯梢、叶片失绿等症状，不建议使用除草剂。可采用行内覆盖 5 ~10cm 锯末或松针及松树皮等，具有控制杂草、降低土壤 pH、增加土壤有机质等优点。行间采用生草法抑制草害，保持土壤湿润，增加有机质。

（4）灌溉　由于蓝莓根系分布浅，又喜湿润。干旱少雨地区栽培一定要有灌溉设备，滴灌最好。蓝莓灌水需要注意水源和水质。深井水 pH 往往偏高，需要使用硫酸调节，湖塘水最好。

5. 越冬保护

尽管矮丛蓝莓和半高丛蓝莓抗寒力强，但仍时有冻害发生。最主要表现为越冬抽条和花芽冻害，在特殊年份可使地上部分全部冻死。因此，在寒冷地区蓝莓栽培中，越冬保护也是保证产量的重要措施。入冬前，将枝条压倒，覆盖浅土将枝条盖住即可。但蓝莓的枝条比较硬，容易折断，因此，采用埋土防寒的果园宜斜植。树体覆盖稻草、树叶、麻袋片、稻草编织袋等都可起到越冬保护的作用。

6. 采收

矮丛蓝莓果实成熟期较长。但先成熟的果实也不易脱落，所以可待全部成熟时一起采收。高丛蓝莓由于果实成熟期不一致，一般采收需要持续 3 ~4 周，通常每隔 1 周采 1 次。采收后放入专用的保鲜盒内，避免挤压。

7. 主要病虫害及其防治

蓝莓的主要病害有僵果病、茎溃疡病、枝条枯萎病，主要虫害有根蛆、花象甲、茎干螟虫等，应及时进行综合防治。

第四节 黑加仑

一、简介

黑加仑（*Black current*），学名黑穗醋栗（*Ribesnigrum*），又名黑醋栗、黑豆果、紫梅，为虎耳草目茶藨子科茶藨子属植物，小型灌木，其成熟果实为黑色小浆果，内富含维生素C、花青素等。黑加仑的抗氧化活性为128.8μmol/g，是草莓的6倍，苹果的25倍，番茄的117倍。因此，黑加仑是人类饮食中一种非常具有潜力的重要的抗氧化剂源。

黑穗醋栗主要用于加工果酒、果汁、果酱等食品，其加工品芳香爽口、风味独特，深受消费者喜爱。黑加仑种子中含有的γ-亚麻酸在医药业中有重要作用，市场前景广阔。

二、营养分析

每100g可食部分含热量266kJ，膳食纤维2.4g，蛋白质1.4g，脂肪0.4g，碳水化合物15.4g，钙55mg，铁1.5mg，磷59mg，钾322mg，钠2mg，铜0.09mg，镁24mg，锌0.27mg，维生素C 181mg。

三、药用功效

性味：温、微酸。

归经：心肝肺经。

功效：通络排毒，延缓衰老，促进血液循环。

主治：动脉硬化，降血脂。

中医认为，黑加仑可预防痛风、贫血、水肿、关节炎、风湿病、口腔和咽喉疾病、咳嗽等。

研究人员从黑加仑籽中提取的天然油脂中突破性地发现了α-亚麻酸和γ-亚麻酸，这两种亚麻酸不但具有防血小板聚集、降低血压、软化血管、降低血脂、预防和治疗心脏血管疾病的作用，而且还具有较强的抗癌、防癌（乳腺癌、直肠癌等）作用，对防止肿瘤发生，延缓衰老，调节人体生理功能，增加免疫能力有显著功效，同时还有美容、减肥作用。

四、食疗作用

（1）坚固牙龈、保护牙齿　黑加仑中维生素C含量非常丰富，更重要的是还含有大量的抗氧化成分，这样就确保了维生素 C 的作用，从而达到了保护牙齿效果。

（2）保护肝功能　各种肝损伤与体内氧自由基和脂质过氧化密切相关，所以增加人体内可以对抗过氧化的营养物质对于保护肝脏功能至关重要。黑加仑富含多种抗氧化生物活性物质，如花青素、维生素 C、黄酮和酚酸类物质等。

（3）改善视功能　黑加仑富含的多种抗氧化生物活性物质，如花青素、维生素 C、黄酮和酚酸类物质等，可以通过为人体补充抗氧化剂而保护视功能。

（4）延缓衰老　为保持人体健康和延缓衰老，从食物中摄入具有抗氧化作用的营养物质非常重要。黑加仑富含如花青素、维生素 C、黄酮、槲皮素、杨梅醇、酚酸、儿茶素以及黑加仑多糖等物质，这些都是具有良好抗氧化功能的生物活性物质。

（5）补血补气　黑加仑具有补血强智利筋骨、健胃生津除烦渴、益气逐水利小便、滋肾益肝的功效。平常多吃黑加仑，可以缓解手脚冰冷、腰痛、贫血等现象，提高免疫力。

五、栽培技术

黑加仑的栽培品种有黑珍珠、黑金星、早生黑、奥依宾、不劳得、寒丰、早丰等。

1. 繁殖技术

（1）扦插繁殖　秋后从良种母株上剪取发育强健的基生枝，剪成 20 ~ 25cm 长的插条，每 50 ~ 300 根捆成一束，在沟内或窖内湿沙掩埋贮藏。翌春土温达 5℃以上时，将插条剪成 10 ~ 15cm，扦插，约半月左右即可生根。在良好的管理条件下，当年秋季即可成苗。在冬季雪大的地方也可秋季扦插。

（2）压条繁殖　春季将去年发出的基生枝压在株丛四周，压埋 5cm 的土。新梢长高后，再覆土 3cm，以扩大生根范围。秋季剪离母株后，即可成苗。

（3）分株繁殖　一般在每基生枝下都有不定根，将株丛挖起，可分成若干小株丛。

2. 建园技术

（1）园地选择　黑加仑是喜光植物，应选择较温暖、向阳而水分充足的肥沃地点建园。黑加仑根系发达，对水分的吸收能力及抗旱能力强，对缺氧环境忍耐力较弱，耐旱而不耐涝。适宜在 pH6 ~ 7 的壤土、沙土或草甸土上生长，盐碱土、白浆土和酸性土都不宜种植，要求土壤的总盐量低于 0.4%

以下。

（2）栽植密度 株行距以（1.5～2.0）m×（1.5～2.5）m 为宜。主栽品种与授粉品种的比例为3∶1～4∶1。定植穴的大小为30cm×30cm，每穴可栽1～3株苗。

（3）栽植技术 定植以春季为宜定植行以南北走向，定植穴直径为40～50cm，深40～50cm。定植后枝条3～4个芽露出土面，每穴栽2～4株苗。为促进多发不定根和基部多发基生枝，可深植斜栽。

3. 整形修剪

（1）整形方法 主要采用丛状整形。春季定植时短截全部枝条，每枝上留4～5个发育良好的芽，当年秋季形成4～5个一级枝的枝条（2年生骨干枝），侧枝开始形成花芽。有的株丛从根茎部发生基生枝。

（2）修剪方法 培养和保持株丛15～20个枝龄不同的骨干枝，保持良好的光照条件，疏去过密的枝条。基生枝剪去全长的1/3～1/2，培养强壮的骨干枝；对骨干枝上的延长枝及新梢留顶端2～5个芽；短果枝及短果枝群不剪。为了培养寿命长而健壮的骨干枝，要控制其基部发生的基生枝，除保留更新的芽外，把其他基部发生的芽全部抹去。衰老骨干枝要及时更新，缩剪至壮侧枝上。病虫枝、弱枝、伤枝从基部及早疏去。

4. 肥水管理

（1）施肥 秋天或春季施基肥。成龄园667m^2施有机肥3～4t，幼龄园施2～3t，化肥为每667m^2含氮、磷、钾的三元复合肥30 kg，以条施或环状沟施。沟施是在近根处开沟，深10～20cm，宽20～30cm，施肥后盖土。随树龄增大，施肥沟的位置逐年向外开，沟也加深加宽，直到行间全都施过为止。基肥可每隔1～2年施1次，追肥在春季和6月各施1次，第1次以氮肥为主，第2次氮、磷、钾配合施用。

（2）灌水 灌水主要在春季和生长前期进行，可用沟灌或穴灌，必须使根系分布层灌透，灌后将土耙平保墒。灌后及时中耕锄草。

①催芽水以补充土壤中的水分，减轻春寒和晚霜危害，促进新梢的生长。

②开花水有利于开花、坐果及新梢生长。

③坐果水对促进果实膨大和根系生长有明显作用，对于当年及来年产量都有较大影响，可促进果实成熟，便于采收。

④封冻水土壤封冻前灌好水，对植株可起到防寒作用。

5. 采收

黑加仑果实成熟后容易脱落，须分期采收。采收时选完全成熟的果实，此时浆果的质量很大，果汁色泽好，所含维生素高。采收时间应在下午和傍晚，浆果不易腐烂。采下的浆果放在木盒内，以后连盒出售。成熟的浆果只能保存 2 ~ 3d，因此采后要及时处理和就地加工或压榨成果汁，以降低损耗。

6. 越冬防寒

因地理环境和栽培品种的不同可采取在 10 下旬至 11 上中旬进行防寒。防寒之前扫除落叶以减轻病害。之后先将枝条压倒，避免压断枝条，然后盖土，幼树可倒向一方，成龄树可依枝条方向压倒。冬季检查并在裂缝处填土勿使漏风。翌春土壤解冻后取除防寒土，将枝条扶起，不要碰掉芽。把土填回行间，株丛中的土也要除去，以免根系上移。

7. 主要病虫害及其防治

黑加仑病害主要是白粉病，白粉病主要以预防为主，发芽前喷布 3 ~ 5°Bé 石硫合剂；虫害主要是小透翅蛾和黄刺蛾，新建园危害较轻，成龄园危害较重。应及时剪除被害枝条，集中深埋或烧毁；6 月初至 7 月上旬，用 10% 吡虫啉 1000 倍液喷雾。

第五节　李子

一、简介

李子（*Prunus salicina*），别名嘉应子、布霖、李子、玉皇李、山李子，是蔷薇科植物李树的果实，7—8 月间成熟，饱满圆润，玲珑剔透，形态美艳，口味甘甜，是人们最喜欢的水果之一，世界各地广泛栽培，中国各省均有栽培，为温带重要果树之一。

李子味酸，能促进胃酸和胃消化酶的分泌，并能促进胃肠蠕动，因而有改善食欲、促进消化的作用，尤其对胃酸缺乏、食后饱胀、大便秘结者有效。李子中含有多种营养成分，有养颜美容、润滑肌肤的作用，李子中抗氧化剂含量高的惊人，堪称是抗衰老、防疾病的“超级水果”。

二、营养分析

每 100g 李子的可食部分中，含有热量 36kcal，膳食纤维 0.9g，蛋白质 0.7g，脂肪 0.25g，碳水化合物克 8.7g，钙 8mg，铁 0.6mg，磷 11mg，钾 144mg，钠 3.8mg，铜 0.04mg，镁 10mg，锌 0.14mg，硒 0.23μg，锰 0.16mg，维生素 A 25μg，维生素 B_1 0.03mg，维生素 B_2 0.02mg，维生素 C 5mg，维生素 E 0.74mg，胡萝卜素 150μg。

三、药用功效

果实：甘、酸，平。清肝涤热，生津利水。

根皮：大寒，利湿解毒。

叶：甘、酸，平。清热解毒。

种子：苦，平。活血祛瘀，滑肠利水。

《朝药》：叶治惊风，水肿。

《傣医药》：根用于周身酸痛，举步无力，精神困倦。

《滇药录》：根治周身酸痛，举步无力，精神困倦。

《彝药》：根用于高热抽风，目赤齿痛，食积不化，肠痈疮毒。

《大理资志》：根可治牙痛，消渴，痢疾，白带；种仁治跌打损伤，瘀血作痛，大便燥结，浮肿。

《德宏药录》：根可治跌打损伤，淤血作痛，浮肿。

四、食疗作用

（1）促进消化　李子能促进胃酸和胃消化酶的分泌，有增加肠胃蠕动的作用，因而食李能促进消化，增加食欲，为胃酸缺乏、食后饱胀、大便秘结者的食疗良品。

（2）清肝利水　新鲜李肉中含有多种氨基酸，如谷酰胺、丝氨酸、甘氨酸、脯氨酸等，生食之对于治疗肝硬化腹水大有裨益。

（3）降压、导泻、镇咳　李子核仁中含苦杏仁苷和大量的脂肪油，药理证实，它有显著的利水降压作用，并可加快肠道蠕动，促进干燥的大便排出，同时也具有止咳祛痰的作用。

五、栽培技术

1. 品种选择

李子的品种十分丰富，中国传统的优良品种有夫人李、嘉庆李、携李、红香李、玉黄李、密李、五月李等。目前在生产中推广应用的国产和引进的国外李子品种主要有：大石早生、日本李王、密思李、玫瑰皇后、黑宝石、黑布林、美国大李、昌乐牛心李、先锋李等。

2. 繁殖

（1）嫁接　常用砧木有毛桃、中国李。接穗采自优质高产的母树，选取树冠外围中上部生长发育充实的一年生枝条，一般随采随接成活率高，也可以利用冬季修剪的枝条加以贮藏供作接穗。嫁接可芽接或切接，芽接于6—8

月进行，切接在 1 月—2 月进行。

（2）扦插　一年生枝扦插极易生根成苗。此外冬季掘取直径 7 ~ 8mm 的根段进行扦插也易成活。

（3）分株　根际萌蘖可供分株繁殖，通常根际堆土，促进水平根上形成不定芽，萌芽抽梢后翌年将根蘖苗与母株分离，成为独立的小苗进行移植。

3. 田间管理

（1）注意整形控梢，培养丰产树型　夏剪主要将徒长枝进行摘心或短剪，并疏剪从主干、主枝萌发出来的徒长枝；冬剪主要是剪去枯枝、病虫枝、下垂拖地枝。

（2）肥水管理　栽植苗木成活后，在行间开 20cm 宽、5cm 深的浅沟作成台田，台田沟作夏季排水、灌水、施肥用。

生长前期每隔 10d 追一次肥，萌芽至开花期 667m^2 施碳酸氢铵、磷酸二氢钾等各 25kg，幼果期至成熟期 667m^2 施尿素、磷酸二铵、硫酸钾各 25kg。果实采收后营养生长期及时进行地下施肥，667m^2 施碳酸氢铵 100kg 或尿素 50kg。每年 9 月沟施或树盘撒施有机肥，以腐熟鸡粪、圈粪为主，667m^2 施优质粗肥 3000kg、磷酸二铵 30kg、硫酸钾 30kg、尿素 30kg，每次施肥后灌水一次。

在整个生产过程除施肥后浇水外，根据土壤墒情再灌 1 ~ 2 次水，灌水后随时进行中耕松土。

4. 主要病虫害及其防治

李子的主要病害为炭疽病，早春发芽前喷 5 度的石硫合剂，或喷 1：1：100 的波尔多液；防治流胶病，在夏、秋季对已感病的树用 800 倍代森铵或 800 倍托布津喷射。李子的虫害主要有食心虫、红蜘蛛、卷叶虫、刺蛾等，发生虫害可喷杀螟松 1000 倍液或 40% 乐果 1500 倍液防治。

第六节　黑枣

一、简介

黑枣（*Diospyros lotus*），学名君迁子，又称软枣、丁香枣、牛奶柿、野柿子等，为柿科柿属黑枣种乔木植物，广泛分布于中国北方辽宁、河北、山东、陕西等地区。“黑枣”虽然也叫枣，但其实不属于我们通常认识的枣类，为亚洲东北部原产的柿属植物，主要的品种有大核黑枣、牛奶枣和葡萄黑枣等。

黑枣树材质优良，可作一般用材；果实去涩生食或酿酒、制醋，含维生素丙，可提取供医用；种子入药，能消渴去热；君迁子树能作柿树的砧木。

二、营养分析

每100g黑枣（有核）可食部分中含热量228kcal，膳食纤维9.2g，蛋白质3.7g，脂肪0.5g，碳水化合物52.2g，钙42mg，铁3.7mg，磷66mg，钾498mg，钠1.2mg，铜0.97mg，镁46mg，锌1.71mg，锰0.37mg，硒0.23μg，维生素C 6mg，维生素E 1.24mg，胡萝卜素1.8μg。

三、药用功效

性味：甘、性平。

归经：入脾、胃经。

功效：补益脾胃，滋养阴血，养心安神，缓和药性。

用于治疗脾虚所致的食少、泄泻、阴血虚所致的妇女脏躁证。黑枣甘温益气，质润养血，味甘又能缓和药性，用于气血亏虚及缓解药物的毒烈之性。

四、食疗作用

（1）安神除烦　黑枣富含碳水化合物，可以补充大脑消耗的葡萄糖，缓解脑部葡萄糖供养不足而出现的疲惫、易怒、头晕、失眠、夜间出汗、注意力涣散、健忘、极度口渴、沮丧、化紊乱，适于血虚、面色萎黄及心失所养、血虚脏躁者。

（2）补血益气　用于治疗中气不足、脾胃虚弱所致诸证。

（3）帮助消化　黑枣性温味甘，具有补肾与养胃功效，有“营养仓库”之称，最大的营养价值在于它含有丰富的膳食纤维与果胶，可以帮助消化和软便。

（4）养阴补虚　补虚损，益精气，润肺补肾，用于肺肾阴虚。适于久病体虚或是虚劳的补益。用于治疗脾气虚所致的食少、泄泻，阴血虚所致的妇女脏躁证，病后体虚的人食用大枣也有良好的滋补作用。

五、栽培技术

1. 繁殖

采成熟果实，搓去果肉，取出种子，在小雪节前后，用湿沙层积，第2年春季播种；也可在11月下旬至12月上旬直播田间，越冬前浇次透水，第2年春季进行正常管理。

2. 定植

按行距5m挖定植沟，宽、深度为100cm×80cm，填沟时表土掺入有机肥后填入底层。选择干径为1cm以上、根系完好、无病虫、无损伤的健壮实生苗进行定植。3月中旬挖定植坑，按常规的栽植技术栽好后，及时浇1次透水，并喷施新高脂膜800倍液可有效减少地下水分蒸发。

3. 肥水管理

建园后，于每年秋后封冻前对定植沟以外的土壤采取扩沟改土，每年扩沟100cm，每100cm沟施入50kg的有机猪圈肥和2kg硝酸磷复合肥，同时每株黑枣树盘内施20kg猪粪肥。

春季萌芽前灌水后松土1次，之后喷1次灭草剂，清除园内杂草，全年共喷2~3次。秋季采果后，结合秋施有机肥进行全园深翻。

4. 整形修剪

（1）幼树修剪　疏除竞争枝、直立壮枝及密挤枝，回缩已经结果的细弱枝及下垂枝，中心干延长枝及各级主枝延长枝要长放。

（2）盛果期树修剪　中等密度栽培的黑枣树第5年就进入盛果期，此期的修剪任务是疏除外围和上部过密的大枝及大枝组，改善内膛光照，促进内膛隐芽萌发新生枝；疏除细弱的下垂枝，回缩过长的结果枝，保持树势，稳定产量。

修剪时造成的伤口用“愈伤防腐膜”及时封闭，防止干裂和病虫害侵入。

5. 主要病虫害及其防治

黑枣的主要病害有枣疯病、枣锈病；主要虫害有枣桃小食心虫、枣小芽蛾、枣尺蠖等，要采取综合措施进行防治。一般冬季和早春萌芽前用“护树将军”加石硫合剂喷洒树体，保温防冻，消除病虫害越冬场所。

第四章　紫色、黑色粮油作物

第一节　紫大米

一、简介

紫大米（*Oryza sative*），禾本科稻属一年生植物，是较珍贵的水稻品种，又分紫粳、紫糯两种。紫米颗粒均匀，颜色紫黑，食味香甜，甜而不腻。它与普通大米的区别，是它的种皮有一薄层紫色物质。紫米煮饭，味极香，民间作为补品，有“药谷”之称。紫米熬制的米粥清香油亮、软糯适口。因其含有丰富的营养，具有很好的滋补作用，因此被人们称为“补血米”、“长寿米”。

紫米并非黑米，紫米也并非黑糯米，两者不可混为一谈。这两者都是稻米中的珍品，它是21世纪年国际流行的“健康食品”之一。与普通稻米相比，黑米和紫米不仅蛋白质的含量相当高，必需氨基酸齐全，还含有大量的天然黑米色素、多种微量元素和维生素，特别是富含铁、硒、锌、维生素B_1、维生素B_2等。我国民间把黑米俗称“药米”、“月家米”，作为产妇和体虚衰弱病人的滋补品，也用于改善孕产妇、儿童等缺铁性贫血的状况。

紫米中有湖南紫鹊界贡米、云南墨江紫米两个珍品。

二、营养分析

紫米的主要成分是赖氨酸、色氨酸、维生素B_1、维生素B_2、叶酸、蛋白质、脂肪等多种营养物质，以及铁、锌、钙、磷等人体所需矿物元素。据分析，每千克紫米含铁16.72mg，比一般精米高248.3%；每千克含钙138.55mg，比一般精米高116.5%；每千克含锌23.63mg，比一般精米高81.8%；每千克含硒0.08mg，比一般精米高17.8%，故紫米的营养价值和保健价值均很高，是婴幼儿、中老年人、孕妇的最佳选择。

三、药性功效

性味：甘温。

归经：入脾肾肺经。

功效：益气健脾、生津止汗。

《本草纲目》：紫米有滋阴补肾、健脾暖肝、明目活血等作用。

《神农本草经》：黑米有滋阴补肾、健脾开胃、补中益气、活血化淤等功效。黑米和紫米中的膳食纤维含量十分丰富。膳食纤维能够降低血液中胆固醇的含量，有助预防冠状动脉硬化引起的心脏病。

紫米有补血益气、暖脾胃的功效，对于胃寒痛、消渴、夜尿频密等症有一定疗效。此外，糯性紫米粒大饱满，黏性强，蒸熟后食用能使断骨复续。而且紫米饭清香、油亮、软糯可口，营养价值和药用价值都比较高，具有补血、健脾、理中及治疗神经衰弱等功效。

四、食疗作用

（1）氨基酸组成丰富　据湖南省农业科学院稻米及制品检测中心对紫鹊界紫米的检测，每100g紫鹊界紫米含蛋氨酸，比三丰早19精米中蛋氨酸含量高240.7%，组氨酸比三丰早19精米中组氨酸含量高100%。这充分说明紫鹊界紫米氨基酸含量丰富、组成极佳，尤其适合儿童和老人的营养需要。

（2）预防动脉硬化　据测定，紫米纤维素含量高，紫鹊界紫米中粗纤维含量为1.34%。纤维素有充盈肠道、增加粪便体积、促进肠道蠕动、促进消化液的分泌、减少胆固醇吸收等作用。因此，经常食用紫米，对预防动脉硬化、防止肠癌大有益处。

（3）增强人体免疫力　据测定，每千克紫鹊界紫米中含锌比精米中的含锌量高81.8%。因此，经常食用紫米，可以维持人体锌的平衡，对增强人体免疫力、提高人体抵抗感染疾病的能力、改善胰岛素的效用、有助于预防老年男性的前列腺肥大、加速人体内部和外部伤口愈合、调节前列腺内睾酮的新陈代谢、防止味觉和嗅觉消失、防止生殖功能障碍、消除指甲中的白色斑点、防止精神失常、减少胆固醇的积蓄等有一定作用。

（4）防治癌症　据测定，每千克紫鹊界紫米中含硒比精米中的含硒量高17.8%。因此，经常食用紫米，对防止自由基的形成以保护免疫系统、防治癌症、防止女性更年期发热潮红及更年期的其他疾病、预防心脏病及血液循环方面的疾病、防治头皮屑等有一定作用。

五、栽培技术

同水稻栽培技术。

第二节 紫玉米

一、简介

紫玉米（*Zea mayz*），禾本科玉蜀黍属一年生植物，安第斯山的原生植物，是秘鲁特有的一个玉米品种，玉米棒及粒均为紫色，具有极高的酚化合物和花青素，使得它具有健康性和营养性，从而日益受到关注。

紫玉米是紫（黑）玉米家族中的珍品，所以紫玉米又名“黑玉米”，因颗粒形似珍珠，故有“黑珍珠”之称。

紫玉米作为鲜食玉米，具有鲜、香、嫩、甜糯等优异的食用品质，深受消费者的喜爱，可经蒸煮、爆炒后食用，也可加工成速冻食品等，在国际市场上具有较高的商业利润，被誉为“增值玉米”。

随着农业科学技术的发展，我国玉米育种专家已培育出许多紫玉米品种，已在生产中大面积推广。

二、营养分析

每100g普通玉米的可食部分含热量196kcal，膳食纤维2.9g，蛋白质4g，脂肪1.2g，碳水化合物22.8g，钙1mg，铁1.1mg，磷117mg，钾238mg，钠1.1mg，铜0.09mg，镁32mg，锌0.9mg，硒1.63μg，维生素A 63μg，维生素B_1 0.16mg，维生素B_2 0.11mg，维生素C 6mg，维生素E 0.46mg，胡萝卜素0.34μg。

紫玉米不仅含有大量的酚化合物，还含有花青素，这两种营养成分有助于人类的健康和延年益寿，因而紫玉米越来越受到广泛的关注，越来越多的地区开始培育和种植。

经中国农业谷物品质监督测试中心检测，紫玉米含有十八种氨基酸，并含有人体必需的21种微量元素和多种维生素以及天然色素，特别富含抗癌元素硒，增进智力元素锌以及铁和钙等，用紫玉米经加工而成的食品是一种上乘的天然美味营养保健食品。

三、药用功效

性味：甘平。

功效：止血、利尿、利胆、降压。

有资料显示，紫玉米具有开胃益中、健脾暖肝、明目活血、滑涩补精之功，对于少年白发、妇女产后虚弱、病后体虚以及贫血、肾虚均有很好的补养作用。

据新华社2000年10月11日报道：日本的一个研究小组通过动物实验发现，紫玉米的色素具有抑制癌症发生的功效；由名古屋市立大学白井智之等组成的科研小组使用小白鼠作实验，获得了以下结果：食用了掺有紫玉米色素的饲料的小白鼠癌症发病率要比不食用这种饲料的小白鼠低40%。从而证实，紫玉米的色素有抑制癌症发生的功效。

四、食疗作用

（1）保护细胞、抗氧化、防癌、预防心血管疾病、改善视力、提高免疫力。

（2）降低血压，降低血栓凝结，并提高血管的抗氧化能力。

（3）紫玉米具有抗氧化性与抗突变性，是强效的抗氧化剂（抗氧化能力约是维生素E的50倍）。

五、栽培技术

紫玉米的栽培技术基本同于普通玉米。

一般紫玉米品种生育期100d左右，适合春季种植，直播。每667m^2种植密度可达5000株，产鲜穗800～1000kg。

紫玉米对光照和温度的适应性较广，没有特别要求。其根系发达，适应性强，对土壤种类的要求不严格，肥地、瘦地均可种植。但紫玉米植株高大、根系多、分枝多，要从土壤中吸取大量的水分和养分，故要选择地势较平坦，土层深厚、质地较疏松，通透性好，肥力中等以上，保水、保肥力较好的旱地（田）或缓坡地，才能获得较高的产量。

第三节　黑小米

一、简介

小米，我国北方通称谷子（*Panicum miliaceum*），为禾本科植物黍的种子，为一年生草本植物，去壳后叫小米，其小米多为黄色，黑小米是其一个特殊品种，色泽黑绿，有丰富的天然黑色素。

黑小米营养价值非常高，是一种安全性较高的食品基料，尤其适合于孕、产妇、婴儿，自古是产妇、体弱多病者的滋补保健佳品。黑小米作为黑色食品中的典型代表，其富含的功能性色素成分是其最重要的特点。黑小米色素的抗氧化作用非常优秀，这对人体健康的维护有非常重要的意义。

黑小米是近年来国内外盛行的保健食品之一。

二、营养分析

黑小米营养丰富，含有蛋白质、脂肪、碳水化合物、钙、磷、铁、维生素、等。经化验分析，每100g黑小米含蛋白质9.7g，脂肪3.5g，分别较普通小米高2.87%和0.90%，淀粉72～76g，钙29mg，磷240mg，铁4.7～7.8mg，维生素E含量高达每千克24.84mg。与大米相比，维生素B_1高1.5倍，维生素B_2高1倍，粗纤维高4～7倍。黑小米还含有丰富的氨基酸，其必需基酸如赖氨酸、色氨酸，膳食纤维，维生素B_1、维生素B_2等均高于普通小米。黑小米含有丰富的铁、锌、铜、锰、硒等微量元素，无论是煮饭或熬粥都容易被人体消化吸收，消化吸收率高达97.4%。

黑小米支链淀粉含量较普通小米高，所以口感好、香味浓。黑小米饭蒸煮喷香，黏糊性强。

三、药用功效

性味：甘，寒。

功效：补虚损、健脾胃、清虚热、安眠。

《本草纲目》：黑小米具有补中益气、暖脾止虚、消痘疮、健脑补肾、收宫健身等功效。

中医认为黑小米有和中益肾、滋阴补血、乌发防衰、解毒等功效。

中医学认为，用新黑小米熬的粥是产妇和病人的理想食物，有促进食欲，补脾养胃，滋养肾气，补虚损之作用。用黑小米、红枣煮粥对产后体虚者有辅助疗效。用黑小米15g、半夏10g水煎服，可辅助治疗因消化不良引起的失眠。

现代医学认为，黑小米含有丰富的铁、锌、铜、锰等微量元素，维生素E含量较高，能防止人体各种组织及细胞老化，软化血管，所以黑小米有防老保健之功效。黑小米饭蒸煮喷香，黏糊性强。富含微量元素，长期食用，可预防铁、锌缺乏症。

四、食疗作用

（1）抗癌　黑小米中矿物质含量丰富，尤其是锌元素含量高，在常见的黑色食品中仅次于黑麦。另外，黑小米中镁元素和钾元素含量也很丰富，同时还富含被誉为“抗癌之王”的硒元素。

（2）滋阴补血，乌发防衰　黑小米含丰富的黑色素，与药用乌骨鸡和何首乌一样，具有滋阴补血、乌发防衰之功效。

（3）助眠　黑小米中的色氨酸含量，每百克高达202mg，是其他食物望尘莫及的。色氨酸能促使大脑神经细胞分泌了一种使人欲睡的血清素——五羟色胺，可使大脑思维活动受到暂时抑制，人便有困倦感。另外，黑小米富含易消化的淀粉，进食后能使人产生温饱感，促进人体胰岛素的分泌，进一步提高进入脑内色氨酸的数量，所以睡前半小时适量进食黑小米粥，能助人入睡。

（4）防老保健　黑小米含有丰富的铁、锌、铜、锰、硒等微量元素，维生素E能防止人体各种组织及细胞老化，软化血管，所以黑小米有防老保健之功效。

五、栽培技术

1. 播前准备

（1）地块选择　种植黑小米要选择地势较高，阳光充足，通风条件好，肥力较好的岭地、二阶地。

（2）轮作倒茬　黑小米与一般谷子品种一样，不能连作，故严禁重茬种植。前茬以大豆、薯类最好，其次是玉米，高粱，向日葵、蓖麻较差，轮作年限至少二年。

（3）整地保墒　早春壮垡保墒，施足底肥，达到土肥融合，壮伐蓄水。播种前每降一次雨及时耙耱一次，做到上虚下实。

（4）施足底肥　肥料种类应为高温发酵处理后的羊粪，其次是农家有机肥，667m^2 施3000kg，严禁使用化学肥料。

（5）种子处理　播种前晒种，用10:100的盐水漂洗秕籽、草籽，再用清水洗去种子上的盐水，晒干。

2. 播种

（1）播期　华北地区播种期一般应选在五月下旬，切忌早播。

（2）播种量　667m^2 留苗2.7～3.2万株，播量以0.75kg为宜。

（3）播种深度　播种深3～5cm。过深出苗困难，过浅不利防旱防倒伏。

（4）播种方式　一般使用耧播，也可采用新研制的精播耧播下种，行距25cm。播前要压实保墒，播后碾压2～3次。

3. 田间管理

（1）查苗补苗　谷子出苗后，要及时查苗，发现漏种和缺苗断垄时，应采取补种措施。

（2）间苗定苗　幼苗长到2叶时，进行第一次间苗；幼苗长到4叶时，进行第二次间苗、定苗。间苗定苗时，留壮苗，保全苗，结合除去杂草。合理密植，667m^2 留苗2.7万～3万株。

（3）中耕除草　第一次中耕结合间苗进行，应掌握浅锄、细锄、破碎土块，围正幼苗，做到深浅一致，草净地平，防止伤苗压苗。中耕后如遇大雨，应在雨扣表土稍干时破除结板。

（4）培土　7月下旬至8月初将行间草除尽，进行根部培土，增强植株的支持能力，有利于防止后期倒伏。

4. 采收

当谷穗变黄断青、籽粒变硬时，即可收获。以地块单收、单打、单保贮的方式进行。

5. 主要病虫害及其防治

谷子常见病害有白发病、黑穗病、谷瘟病等，主要虫害有蝼蛄、粟灰螟、粘虫等，应及时进行综合防治。

第四节　黑小麦

一、简介

黑小麦（*Triticum aestivum*），是目前科研单位采用不同的育种手段而培育出来的特用型的优质小麦新品种，为禾本科作物的珍稀品种。黑小麦具有耐晚茬、耐寒抗冻、返青快、分蘖率高、抽穗整齐、抗倒伏、抗病虫害、抗干热风、抗干旱等优点。

黑小麦是一个集高营养、高滋补、高免疫力之功能于一身的天然“营养型”“功能型”“效益型”的珍稀品种，是小麦家族中的佼佼者，为优良的保健粮食，所以又称“益寿麦”。

原国务院总理朱镕基在全国粮食流通会议上提出要大力发展特种麦、优质麦的种植；原农业部副部长刘培植对黑小麦给予高度评价，要求在全国扩大种植面积；中国农业工程院院士卢良恕等专家考察黑小麦后提出“要注意进行黑小麦开发利用研究”；意大利农业专家来我国考察后，提出把黑小麦打入国际市场。因此，国内外市场一直供不应求，开发前景广阔。

二、营养分析

（1）蛋白质及氨基酸　黑小麦的蛋白质含量在17%～20%之间，而且黑小麦蛋白质质量更优良，氨基酸种类更齐全，比例模式也明显优于普通小麦，同时其氨基酸总量和必需氨基酸含量均比普通小麦更高，在人体所需的八种必需氨基酸中，黑小麦都远高于普通小麦，低者高于约30%，而高者则高出近110%。

（2）脂肪和不饱和脂肪酸　黑小麦中的脂肪含量一般在1%～3%，其中不饱和脂肪酸含量非常高，远超过普通小麦，作为人体必需脂肪酸的亚油酸和亚麻酸的含量约占30%左右，被誉为“脑黄金”的EPA和DHA含量约占近10%。

（3）矿物质和微量元素　黑小麦中矿物质和微量元素含量丰富，基本上所有矿物质元素均高于普通小麦，尤其是铁、钾、碘和硒元素，分别高出约1340%、130%、80%和110%，钙比普通小麦高132.3%，磷比普通小麦高33.6%，锰比普通小麦高201.2%，被称为“生命之花”的锌的含量高达27.6%。

（4）维生素　黑小麦中B族和C族维生素含量较高，其中维生素B_1和维生素B_2分别比普通小麦高出约80%和50%左右，维生素C更是要高出1.5倍之多，维生素K比普通小麦高63.6%。对禾谷类作物相对缺乏的A族和E族等脂溶性维生素，黑小麦中的含量分别较普通小麦高出约70%和35%。

（5）膳食纤维　黑小麦中膳食纤维含量很高，大约是普通浅色小麦的2～3倍。

（6）黑色素　黑小麦中所含的天然黑色素非常丰富，黑小麦中黑色素属于花色苷类化合物，具有非常良好的抗氧化和防病治病的作用。

三、药用功效

性味：甘、凉。

归经：心。

功效：养心除烦、健脾益肾、除热止渴。

主治：治脏躁，烦热，泄痢，痈肿，外伤出血，乳痈、烫伤。

《本草重新》（普通小麦）：养心，益肾，和血，健脾。

《医林纂要》（普通小麦）：除烦，止血，利小便，润肺燥。

《别录》（普通小麦）：除热，止燥渴，利小便，养肝气，止漏血，唾血。

《本草拾遗》（普通小麦）：小麦面，补虚，实人肤体，厚肠胃，强气力。

《纲目》（普通小麦）：陈者煎汤饮，止虚汗；烧存性，油调涂诸疮，汤火灼伤。

四、食疗作用

（1）预防癌症　黑小麦中含有的不溶性纤维木酚素，异黄酮，均具有明显的抗癌作用。经常食用黑小麦食品可有效降低乳腺癌、前列腺癌和大肠癌等疾病的发病率。

（2）延缓衰老　黑小麦中含有微量元素硒，可有效清除人体体内氧自由基，延缓机体老化。

（3）降压降脂　黑小麦中富含可溶性黑麦纤维，可降低血糖，降低胆固醇，阻止脂质过氧化，对高血压、高血脂症等疾病都有明显的防治作用。

（4）预防糖尿病　有研究表明，黑小麦面包的结构紧密并且湿度大，在人体内分解的速率较慢，只要较少的胰岛素就能保持人体血液的平衡。因此常吃黑小麦面包可以达到预防糖尿病的目的。

（5）促进发育　黑小麦中含有大量人体不能自我合成的氨基酸，其中赖氨酸的含量是普通小麦含量的1.5倍，对于儿童生长发育不可缺少的组氨酸含量更是普通小麦含量的1.79倍。多食用黑小麦及其制品，可以促进少年儿童健康发育。

（6）护齿壮骨　黑小麦中含有的微量元素氟，是骨骼和牙齿的重要成分，经常食用黑小麦及制品可预防龋齿和老年人的骨质疏松症等。

五、栽培技术

黑小麦的栽培技术基本同于普通小麦。

1. 品种选择

目前已推广种植的品种有漯珍1号、黑小麦1号、黑小麦76号、紫株6号、黑宝石1号、黑宝石2号（春小麦）等品种。目前在生产中推广的主要是黑宝马1号、紫株6号。

黑宝马1号冬性，株高75～78cm，幼苗分蘖力强，穗长方形，长芒白壳，籽粒黑长圆形，硬质，穗大粒多，千粒重30.5g，根系发达，防风抗倒性特强，一般667m^2产350kg左右。

紫株6号春性，株高88～95cm，成穗率高顶芒，穗长7～8cm，每穗籽粒33～36个，千粒重36g左右，耐旱、抗叶锈、抗白粉病，成熟后茎秆紫中透红发亮，平均667m^2产300kg。

两个品种均为高面筋、高营养独特的优质麦。

2. 播种

因黑小麦属弱冬性，故在生产上不宜早播，华北地区在10月1—20日播种为宜。播种过早，冬前苗旺，冬季易遭冻害，不利麦苗安全越冬；播种过晚，冬前群体分蘖少，导致亩穗数减少，产量降低。

其他管理措施同普通小麦，注意后期适当控水，宜在扬花后10d左右浇灌浆水，乳熟至收割阶段适当控制浇水次数。

第五节　紫芸豆

一、简介

芸豆（*Phaseolus vulgaris*），又名菜豆、架豆、扁豆，为豆科菜豆属一年生植物，原产美洲的墨西哥和阿根廷，我国在16世纪末开始引种栽培，现广植于我国各热带至温带地区。

芸豆可作为粮豆配合开发新营养主食品种的原料。芸豆颗粒饱满肥大，可煮可炖。芸豆的药用价值也很高。

由于芸豆营养丰富，蛋白质含量高，既是蔬菜又是粮食，是出口创汇的重要农副产品。近年来紫芸豆外贸出口量大，种植面积逐年扩大。我国一些高寒山区，自然和生态环境好，空气、水、土壤无污染，农药、化肥施用量极少，生态多样性高，自然因素控害能力强，十分符合无公害芸豆产业发展，是高寒山区农民脱贫致富的一个支柱产业。

二、营养分析

紫芸豆营养丰富，每100g紫芸豆含热量25kcal，膳食纤维2.1g，蛋白质0.8g，脂肪0.1g，碳水化合物7.4g，钙88mg，铁1mg，磷37mg，钾112mg，钠4mg，铜0.24mg，镁16mg，锌1.04mg，锰0.44mg，硒0.23μg，碘4.7μg，维生素A 40μg，维生素C 9kg，维生素E 0.07mg，胡萝卜素240μg。

紫芸豆中微量元素如锌、铜、镁、硒等的含量都很高，而这些微量元素对延缓人体衰老、降低血液黏稠度等非常重要。从所含营养成分看，蛋白质含量高于鸡肉，钙含量是鸡的7倍多，铁为4倍。芸豆还是一种难得的高钾、高镁、低钠食品。

三、药用功效

性味：甘、平、温。

功效：活血、利水、祛风、清热解毒、滋养健血、补虚乌发。

主治：虚寒呃逆，胃寒呕吐，跌打损伤，喘息咳嗽，腰痛，神经痛。

芸豆尤其适合心脏病、动脉硬化、高血脂、低血钾症和忌盐患者食用，是一种滋补食疗佳品。

现代医学分析认为，芸豆还含有皂苷、尿毒酶和多种球蛋白等独特成分，具有提高人体自身的免疫能力、增强抗病能力、激活淋巴细胞、促进脱氧核糖核酸的合成等功能，对肿瘤细胞的发展有抑制作用，因而受到医学界的重视。其所含量尿素酶应用于肝昏迷患者效果很好。

四、食疗作用

（1）预防心脏病　紫芸豆尤其适合心脏病、动脉硬化、高血脂、低血钾症和忌盐患者食用。

（2）护发美容　吃紫芸豆对皮肤、头发大有好处，可以提高肌肤的新陈代谢，促进机体排毒，令肌肤常葆青春。

（3）减肥轻身　紫芸豆中的皂苷类物质能降低脂及吸收功能，促进脂肪代谢；所含的膳食纤维可加快食物通过肠道的时间，想减肥者多吃黑芸豆会达到轻身的目的。

五、栽培技术

1. 品种选择

芸豆的类型较多，有白、红、紫、黑、花等多种颜色，紫芸豆是其中一种。良种是提高芸豆产量、品质及其商品价值的关键。播种前应进行粒选，选用粒大、饱满、整齐度高、光泽度一致、无病虫害和破损的种子。

2. 精细整地

选择土层深厚、肥力中等、地下水位低、排水良好、通风向阳、有机质含量相对较高的酸性或微酸性土壤种植。整地前每667m^{2}撒施农家肥1500～2000kg，播种前每667m^{2}用25kg复合肥作种肥，但切忌种肥与种子接触。

3. 播种

芸豆不宜重茬，采取与玉米或马铃薯隔年种植。华北地区芸豆最佳播种期为4月20日至5月5日，播种深度在10～15cm，覆土约6cm左右，保证一次性全苗。

4. 定植

净种芸豆以行距0.5m起垄，穴距0.3m，每穴3～4粒种子，667m^2用种6kg左右。合理密植应把握肥地稀播，瘦地密植的原则，肥地利用地力，以植株优势实现高产，瘦地利用群体的优势增加产量。

5. 田间管理

（1）间苗定苗　在幼苗出现2～3片真叶进行。根据要求，留足壮苗，去弱苗、畸形苗。每穴留2～3苗。

（2）抽蔓前管理　及时进行除草、培土、理垄，有利于通风透光，结荚饱满，提高产品质量。

（3）及时搭架，调整植株　当苗高30cm时应插支架，并引蔓上杆，每穴插竹或木支架一根，长度约2m以上。为防风害，一次插不稳，透雨后再插一次。

（4）打顶摘心　芸豆侧枝很多，茎叶繁茂，互相拥挤，影响通风透光，常导致落花落果，所以应适当打去过多的侧枝。芸豆花很多，但结荚少，为了使养分集中供应下部花，及早将花梗尖端的花柄打去一部分，以使籽粒肥大。

6. 采收

成熟一批采摘一批。芸豆的豆荚成熟期历时一个多月，早晚不一致，加之在雨季，豆荚成熟后如不及时采收，易霉烂变质或使豆粒表皮变黑影响其商品价格，所以要分批采收，并带荚放于阴凉处风干，在出售前一次脱粒，这样籽粒色泽好、充实度高，能有效的提高其商品等级。

7. 选种留种

芸豆单株个体产量悬殊很大，所以在田间选择早熟、丰产单株，挂牌单收单藏。选择标准：一是结荚多，特别是下部结荚多而集中的；二是每荚平均籽粒多饱满的，在株选的基础上，再进行粒选，质量更好。

8. 主要病虫害及其防治

病害主要有白粉病、炭疽病和花叶病，采用波尔多液、石流合剂等防治；虫害主要有地老虎、跳甲、卷叶螟、豆荚螟。地老虎可在犁地及播种等农事操作时人工捕杀，其他虫害可用除虫菊等植物源农药防治。

第六节　荞麦

一、简介

荞麦（*Fagopyrum esculentum*），别名甜荞、乌麦、三角麦、花荞、荞子，为蓼科荞麦属一年生草本，秋季主要蜜源植物。荞麦为植物荞麦的种子，中国栽培的主要普通荞麦和鞑靼荞麦两种，前者称甜荞，后者称苦荞。

荞麦在中国分布甚广，南到海南省，北至黑龙江，西至青藏高原，东抵台湾省。主要产区在西北、东北、华北以及西南一带高寒山区，尤以北方为多，分布零散，播种面积因年度气候而异，变化较大。

荞麦作为一种传统作物在全世界广泛种植，但在粮食作物中的比重很小。

二、营养分析

荞麦的营养成分主要是丰富的蛋白质，B族维生素，芦丁类强化血管物质，矿物营养素，丰富的植物纤维素等。据化验分析，每100g荞麦（带皮）含热量292kcal，膳食纤维13.3g，蛋白质9.5g，脂肪1.7g，碳水化合物73g，钙154mg，铁10.1mg，磷296mg，钾439mg，钠4mg，铜14mg，镁193mg，锌2.9mg，锰1.31mg，硒1.31μg。

苦荞粉中含有大量的维生素B_1、维生素B_2、维生素P等，其中B族维生素含量丰富。维生素B_1和维生素P显著高于大米；维生素B_2亦高于小麦面粉、大米和玉米粉1~4倍。荞麦中还含有维生素B_6，苦荞的维生素B_6约为0.02mg/g。

三、药用功效

性味：性凉，味甘。

功效：健胃、消积、止汗。

主治：能有效辅助治疗胃痛胃胀、消化不良、食欲不振、肠胃积滞、慢性泄泻等病症。

《农政全书》《本草纲目》：实肠胃，益气力，续精神，能炼五脏滓秽，做饭食可压丹石毒。

《彝植药》：种子治疗骨折，水肿，疮毒，外伤出血，虚汗，发痧等症。

《藏本草》：根茎或全草治胃癌，肺癌，胃痛，消化不良，高血压眩晕，瘰疬，狂犬病；嫩尖鲜用捣烂外敷治痈疖肿毒，瘰疬。

《朝药录》：果实治劳伤，咳嗽，水肿气喘；叶用于高血压，脑出血，各种出血症；地上茎治因尿路结石引起的发烧恶寒，瘭疽，伤部因病菌感染发热甚痛。

《图朝药》：茎治肝硬化腹水，肝炎。

同时荞麦能帮助人体代谢葡萄糖，是防治糖尿病的天然食品；而且荞麦秧和叶中含多量芦丁，煮水经常服用可预防高血压引起的脑溢血。

四、食疗作用

（1）预防便秘　荞麦中所含的食物纤维是人们常吃主食品面和米的八倍之多，具有良好的预防便秘作用，经常食用对预防大肠癌和肥胖症有益。

（2）预防肥胖　最近研究显示，经常食用荞麦不易引起肥胖症，因为荞麦含有营养价值高、平衡性良好的植物蛋白质，这种蛋白质在体内不易转化成脂肪，所以不易导致肥胖。

（3）适口性好　荞麦面具有良好的适口性，可做面条、饸饹、凉粉、扒糕、烙饼、蒸饺和荞麦米饭。

五、栽培技术

1. 品种选择

荞麦的种类很多，但生产上栽培的荞麦主要有两种：甜荞麦和苦荞麦。世界性荞麦多指甜荞，苦荞麦在国外视为野生植物，也有作饲料用的，只有我国有栽培和食用习惯。

荞麦是古老作物，资源丰富，由于种植分散，品种较多。黑龙江的大粒荞，内蒙古的大青皮、落花黑，山西的小棱荞，广西的红花荞和云南的圆子荞等都是生产上采用的良种。

2. 播种

掌握播期的原则是使荞麦的盛花期与雨季相吻合，并能在霜冻前收获。华北地区多于夏至至立秋播种。

一般条播的产量高于撒播、点播和穴播。条播省工又利于田间管理和机械操作。行距45cm，每667m^2播种量2～4kg。

3. 施肥

多施磷、钾肥，尤其是磷肥拌种或根外喷磷。在氮肥充足的条件下，喷施微量元素硼、镁可增加花朵数。

4. 辅助授粉

甜荞是异花授粉作物，借助虫、风和振动等授粉。把蜂房设在田中，是一举两得的有利措施。

5. 采收

荞麦开花至成熟约30～40d，种子成熟不一致，当籽实有2/3变褐色或银灰色时即可收割。

6. 主要病虫害及其防治

荞麦基本无病虫害。

第七节 黑花生

一、简介

花生，原名落花生（*Arachis hypogaea*），又称长生果、泥豆、番豆、地豆等，为豆科落花生属一年生油料作物，分布于山西、辽宁、山东、河北、河南、江苏、江西、福建、广东、广西、贵州、四川等地区。

黑花生，也称富硒花生、黑粒花生，是花生中一个珍稀品种。

黑花生的优势在于其特殊的营养，在维持人体的生长发育、机体免疫、心脑血管保健等方面作用非凡，具有防癌、保护肝脏、保护心肌健康、防止心脑血管病、增强人体免疫力、清除人体内的多余脂肪、抗氧化延缓衰老等功效。

黑花生在保健食品及医疗食品等方面具有广阔前景，是一种很有发展前途的黑色食品。

二、营养分析

红花生（炒）每100g可食部分中含热量589kcal，膳食纤维6.3g，蛋白质21.7g，脂肪48g，碳水化合物23.8g，钙47mg，铁1.5mg，磷326mg，钾563mg，钠 34.8mg，铜 0.68mg，镁 171mg，锌 2.03mg，硒 3.9μg，锰1.44mg，维生素A 10mg，维生素E 123.94mg，胡萝卜素60mg。

紫花生与红花生相比，粗蛋白质含量高5%，精氨酸含量高23.9%，钾含量高19%，锌含量高48%，硒含量高101%。

三、药用功效

性味：甘、平。

归经：入脾、肺。

功效：健脾和胃、利肾去水、理气通乳、治诸血症。

《本草纲目》：花生悦脾和胃润肺化痰、滋养补气、清咽止痒。

《药性考》：食用花生养胃醒脾，滑肠润燥。

中医认为，花生还有扶正补虚、悦脾和胃、润肺化痰、滋养调气、利水消肿、止血生乳、清咽止疟的作用。

四、食疗作用

（1）止血　紫花生中的维生素K有止血作用，花生的紫（红衣）的止血作用比花生更高出50倍，对多种出血性疾病都有良好的止血功效。

（2）增强记忆　紫花生中含有维生素E和一定量的锌，能增强记忆，抗老化，延缓脑功能衰退，滋润皮肤。

（3）预防和治疗心脑血管疾病　紫花生中的微量元素硒和另一种生物活性物质白藜芒醇可以防治肿瘤类疾病，同时也是降低血小板聚集，预防和治疗动脉粥样硬化、心脑血管疾病的化学预防剂。

（4）延缓人体衰老　紫花生果实中的锌元素含量普遍高于其他油料作物。锌能促进儿童大脑发育，有增强大脑的记忆功能，可激活中老年人脑细胞，延缓人体过早衰老，抗老化。

（5）促进儿童骨骼发育　紫花生果实含钙量丰富，促进儿童骨骼发育，防止老年人骨骼退行性病变发生。

五、栽培技术

1. 品种选择

（1）中育一号　中国农科院油料作物所选育，2002年经过中国农业科学院专家组的鉴定。

（2）黑丰一号　根据花生遗传性变异，选育而成，性状稳定。

（3）开农白2号（彩色花生）　河南开封市农林科学院经“海花一号”辐照诱变系统选育而成，2006年经过了河南省品种审定委员会审定。

（4）宝冠（五彩花生）　河南省地方品种。

2. 整地施肥

选择土层深、耕层活、排水性好的砂壤土。秋整地，深翻30cm，结合秋翻地667m^2施优质农家肥4000～5000kg，细耙多遍，确保土壤上松下实，通透性良好。

播种时以磷、钾肥为主，每667m^2施磷酸二铵15kg，硫酸钾8kg。

3. 种子处理

要求选择双粒果，在剥壳前带壳晒种2～3d，并在剥壳后筛选一级健米作种。提倡用稀土或种衣剂拌种，1kg种子拌施2g硼砂加2g稀土，能显著地提高花生产量和品质。

4. 播种

春季5cm土层地温稳定在12℃时即可播种，华北地区在4月底至5月上旬，地膜覆盖栽培可稍提前7~10d。

垄作：垄距50cm，穴距13~17cm，即12万~15万穴/hm^2，每穴播两粒。

地膜覆盖畦作：畦宽1m，一畦两行，小行距40cm，穴距13~17cm，每穴两粒，即12万~15万穴/hm^2。

5. 田间管理

（1）清棵蹲苗　在苗基本出齐时进行。先拔除苗周杂草，然后把土扒开，使子叶露出地面，注意不要伤根。清棵后经半个月左右再填土埋窝。

（2）中耕除草　在苗期、团棵期、花期进行3次中耕除草。掌握“浅、深、浅”的原则，注意防止苗期中耕壅土压苗，花期中耕防止损伤果针。

（3）培土　开花后半个月进行培土，不宜过厚，以3cm为宜。

（4）打孔破膜　地膜花生出苗后，应及时打孔破膜放苗，放苗时应在第1片真叶生出变绿展开后，在上午10：00以前，下午4：00以后进行破膜，打孔5cm左右，用手轻轻剥出叶子即可，随后轻封土，将地膜压实，否则易灼伤幼苗。

（5）浇水　在花针期、结荚期、荚果膨大期遭遇干旱，及时浇水。浇水后，待干湿适宜时，将垄沟中耕一遍，以防沟内土壤板结及杂草丛生，确保果针及时入土和荚果膨大结实。遇涝灾时，及时排水。

（6）根外追肥　在开花下针到荚果充实期间，根据花生长势，可在叶面喷施0.2%~0.3%磷酸二氢钾500倍溶液2~3次，提高花生的产量。

6. 采收

紫花生在荚果成熟期含水量较大，脱水慢，后熟期短，应适期采收，防止生芽烂果。当花生上部果枝叶片变黄、果壳网络清晰、种仁黑亮有光泽时要及时收获。

7. 主要病虫害及其防治

紫花生抗性较强，病虫害较少。应注意蚜虫、棉铃虫、红蜘蛛等虫害发生。对于病害应以预防为主。

第八节　黑豆

一、简介

黑豆为豆科植物大豆（*Glycine max*）的黑色种子，又称乌豆、马料豆，豆科一年生草本植物，原产中国安徽东北，现河南、河北、山东、江苏等也有种植。

二、营养分析

黑豆营养丰富，含有蛋白质、脂肪、维生素、微量元素等多种营养成分，同时又具有多种生物活性物质，如黑豆色素、黑豆多糖和异黄酮等。

每100g黑豆含热量381kcal，膳食纤维10.2g，蛋白质36g，脂肪15.9g，碳水化合物33.6g，钙224mg、铁7mg、磷500mg、钾1377mg、钠3mg，铜156mg，镁243mg，锌4.8mg，硒6.79μg，锰2.83mg，维生素A 5mg，维生素E（T）17.36mg，胡萝卜素30mg。

（1）蛋白质　黑豆蛋白质含量高达30%以上，其中优质蛋白大约比黄豆高出1/4左右，居各种豆类之首，其蛋白质含量相当于肉类（猪肉、鸡肉）的2倍，是鸡蛋的3倍，更是牛乳的12倍，因此称为“豆中之王”。

（2）脂肪酸　研究发现，每100g黑豆中含粗脂肪高达15g以上，检测发现其中含有至少19种脂肪酸，而且不饱和脂肪酸含量竟然高达80%，其中亚油酸含量就占了约55.08%。亚油酸有“血管清道夫”的美誉，是人体中十分重要的必需脂肪酸。

（3）黑豆色素　黑豆色素是黑豆重要的生物活性物质之一，黑豆色素具有明显的抗氧化作用。

三、药用功效

性味：平，微寒，甘。

归经：入脾、肾经。

功效：补肾益阴，健脾利湿，除热解毒。

《别录》：甘，平。

《医林纂要》：甘咸苦，寒。

《得配本草》：入足少阴经。

《本草再新》：入心、脾、肾三经。

《本草撮要》：入手足少阴、厥阴经。

《本草纲目》：常食黑豆，可百病不生。

《本草拾遗》：明目镇心，温补。久服，好颜色，变白不老。

中医认为，黑豆具有消肿下气、润肺燥热、活血利水、祛风除痹、补血安神、明目健脾、补肾益阴、解毒的作用，用于水肿胀满、风毒脚气、黄疸浮肿、风痹痉挛、产后风疼、口噤、痈肿疮毒，可解药毒，制风热而止盗汗，乌发黑发以及延年益寿的功能。对于各种水肿、体虚、中风、肾虚等病症有显著疗效。凡食物中毒或药物中毒，均可用黑豆汁与甘草煎汤喝，用来解毒。

四、食疗作用

（1）降胆固醇　近年来很多研究，黑豆除了富含异黄酮外，卵磷脂含量也特别丰富，这两种物质都有抗动脉硬化、降胆固醇这个作用。

（2）补肾　黑豆是肾之补。中医认为人的肌肤的光泽、润泽是靠肾气的滋养、肾气的充盈、温煦、肾经的滋润。常吃黑豆既可以补充肾气，也可以补充肾阴。这样就使皮肤衰老得到延缓，会减少皱纹出现。所以说黑豆是很好的肌肤美容之品。

（3）益脾、祛水　黑豆入脾经，有健脾的作用。常吃黑豆，人的气机可得以顺畅，同时黑豆还有祛水的作用。

（4）防止大脑老化　黑豆中约含2%的蛋黄素，能健脑益智，防止大脑因老化而迟钝。日本科学家发现，黑豆中还有一种能提高强化脑细胞功能的物质。

（5）美容　古代很多重要药典都记载黑豆可驻颜、明目、乌发，使肤质变白皙细嫩。由于黑豆含有丰富的维生素，尤其是维生素E以及B族维生素含量甚高，其中维生素E的含量较肉类高5～7倍，维生素E是人们发现的最佳的保持芳华、延伸生命的营养元素。

（6）预防便秘　黑豆中粗纤维的含量达4%，粗纤维素具有良好的通便作用。每天吃点黑豆，增加粗纤维素，就可以有效预防便秘发生。

（7）抑制脂肪、减肥　黑豆含有花青素，能有效防止脂肪进入小肠后被人体吸收，同时令脂肪顺利排出体外，不易造成积聚。

五、栽培技术

1. 品种选择

黑豆的品种较多，按当地生态类型和市场需求，因地制宜地选择熟期适宜、高产、优质、抗逆性强的已通过审（认）定的品种，做到每隔3年换种1次。

2. 种子处理

精选种子，选用优质种衣剂进行种子包衣。酸性土壤种植大豆，采用钼酸铵拌种，每公斤大豆种子用钼酸铵1～1.5g，配制1%～1.5%的钼酸铵溶液喷在种子表面拌匀，阴干后播种。

3. 整地与施肥

冬前翻耕，精细整地。底肥每667m^2地施农家有机肥3000kg，钙镁磷肥

30kg。农家有机肥在整地前施入，通过翻地将肥料翻入耕作层中；化肥在整地时施用，并使之与土壤融合。

种肥每667m^2 施尿素5mg，硫酸钾10kg。肥料与种子要被土壤隔开，这样即可防止烧种、烧苗。

追肥结合中耕培土进行，每667m^2 施氮、磷、钾复合肥10kg。

4. 播种

在5cm土层日平均温度达到10～12℃时开始播种，穴播，行距27～33cm，穴距17～20cm，每穴播三四粒种子。栽植密度应根据品种特性及水肥条件而定，早熟品种每667m^2 3万～4万株，中熟品种2.5万～3.5万株，晚熟品种2万株左右。

5. 除草

在播种后3d即可以进行土壤封闭处理，用90%乙草胺800～1000mL 70%赛克可湿性粉剂150～300g，兑水125～150kg，向土壤喷雾。

6. 田间管理

（1）间苗、定苗　在2片单叶平展时间苗，第1片复叶全展期定苗。间苗时应淘汰弱株、病株及混杂株，保留健壮株。

（2）中耕除草　第1次中耕一般在第1片复叶出现、子叶未落时进行，第2次中耕在苗高20cm左右。头次中耕宜浅，第2次稍深，结合追肥培土。

（3）灌溉　在鼓粒期如遇高温干旱王气，有灌溉条件的应适时灌水。以沟灌湿润为宜，防止大水漫灌造成土壤板结。

7. 采收

当落叶达90%时可以进行人工收获；机械联合收割的于大豆叶片全部落净、豆粒归园时进行。

8. 主要病虫害及其防治

为防治蛴螬、地老虎、根腐病等苗期病虫害，可用新高脂膜拌种，及时防治大豆蚜虫、草地蝗等害虫。

第九节　黑芝麻

一、简介

黑芝麻（*Sesamum indicum*），古称胡麻，又称油麻、黑荏子，为胡麻科一年生芝麻的黑色种子，为药食兼用品种，含有大量的脂肪和蛋白质，还有糖类、维生素 A、维生素 E、卵磷脂、钙、铁、铬等营养成分。另外，黑芝麻的营养成分中还包括了极其珍贵的芝麻素和黑色素等物质，营养价值十分丰富。

我国黑芝麻资源主要分布在江淮地区和华南地区，东北、西北地区和云贵高原地区较少。黑芝麻的主要性状因生态区不同而有差异。

二、营养分析

每 100g 黑芝麻种子含热量 517kcal，膳食纤维 14g，蛋白质 19. 1g，脂肪 46. 1g，碳水化合物 24g，钙 780mg，铁 22. 7mg，磷 516mg，钾 358mg，钠 8. 3mg，铜 1. 77mg，镁 290mg，锌 6. 13mg，锰 17. 8mg，硒 4. 7μg，维生素 B_1 0. 66mg，维生素 B_2 0. 25mg，维生素 E 9mg。

三、药用功效

性味：平，甘。

归经：入肝、肾、肺经。

功能：滋补肝肾，生津润肠，润肤护发，抗衰祛斑，明目通乳。

主治：用于血虚视物昏花、耳鸣、津少便秘、面斑、久咳不愈、发枯不泽、乳汁不通、失眠等。

中医认为，黑芝麻药用有补肾、乌发之功效；长期食用，有医疗保健之功效。

现代医学研究认为，减少自由基的产生，清除老化代谢产物和提高抗氧化酶活性等，是延缓皮肤衰老的有效方法。黑芝麻中富含丰富的天然维生素 E，其含量高居植物性食物之首。维生素 E 是良好的抗氧化剂，适当的补充维生素 E 可以起到润肤养颜的作用。另外，黑芝麻含油量中大多是不饱和脂肪酸，而亚油酸约占一半，亚油酸是理想的肌肤美容剂。

四、食疗作用

（1）保健美容　黑芝麻作为食疗品，有益肝、补肾、养血、润燥、乌发、美容作用，是极佳的保健美容食品。

（2）抗衰老、延年益寿　黑芝麻的维生素 E 含量居植物性食品之首。维生素 E 能促进细胞分裂，推迟细胞衰老，常食可抵消或中和细胞内衰物质“游离基”的积累，起到抗衰老和延年益寿的作用。

（3）降低血脂　新近研究发现，黑芝麻具有降血脂、抗衰老作用，其食疗作用早已被公认，常食有益。

（4）防治脱发　黑芝麻富含生物素，对身体虚弱、早衰而导致的脱发效果最好，对药物性脱发、某些疾病引起的脱发也会有一定疗效。

（5）降血压　高血压的病因其中之一是高盐饮食，因此，推荐高钾饮食显得非常重要。黑芝麻中钾含量丰富，每百克黑芝麻中含钾高，而含钠则少很多，钾、钠含量的比例接近40∶1，这对于控制血压和保持心脏健康非常重要。

五、栽培技术

1. 品种选择

黑芝麻的品种很多，中国农科院油料作物研究所选育的“中芝9号”可为首选品种。该品种属分枝形，每667m^2产量可达120～150kg。夏播生育期95d。种子乌黑，千粒重2.63g。含油量达47.3%，蛋白质含量21%以上。

2. 整地与施肥

选地势高、排水好的田块，精耕细作，结合整地，施足基肥：每667m^2施农家肥2000kg，尿素10kg，磷钾肥50kg。整平耙碎，等待播种。

3. 播种

黑芝麻播种期有春播和夏播。春播在谷雨前后，夏播在芒种前后，夏芝麻播种期不晚于6月15日，一般愈早愈好。每667m^2播种量1kg。

4. 田间管理

（1）合理密植　幼苗长出2～3对真叶时定苗，行株距为36cm×（12～15）cm，密度一般以667m^2 8000～10000株为宜。

（2）中耕培土　生长期中耕除草2次，当苗高33cm时结合追肥进行培土。

（3）打顶　严格掌握打顶时间和方法，夏芝麻保留2对真叶打顶，并保留叶以上2～3cm茎节，形成双茎。同一块田，保留真叶标准一致，一次性打顶完毕。

（4）科学施肥　在生长期每667m^2施尿素10kg左右，磷肥30～40kg，钾肥10kg左右。

5. 采收与加工

黑芝麻一般于秋后地上茎叶成熟后脱离收割，将黑芝麻齐根割下捆成小捆，晒干后将黑芝麻脱粒，晒干扬净杂质，即成商品出售。

6. 主要病虫害及其防治

拔节期为防角枯病和叶枯病，可用50%扑海因1000倍液分两次洒叶片；如蚜虫发生可用2000～3000倍乐果乳油喷雾。

第十节　向日葵籽

一、简介

向日葵（*Helianthus annuus*），别名太阳花，是菊科向日葵属的一年生植物，因花序随太阳转动而得名，原产北美洲。向日葵约在明朝时引入中国，在中国广为种植，主要分布在我国东北、西北和华北地区，世界各地均有栽培。

向日葵的种子含油量极高，味香可口，可炒食，亦可榨油，为重要的油料作物。

二、营养分析

食用葵花籽仁每100g含量热量606kcal，膳食纤维4.5g，蛋白质19.1g，脂肪53.4g，碳水化合物12.2g，钙115mg，铁2.9mg，磷604mg，钾547mg，钠5mg，铜0.56mg，镁287mg，锌0.5mg，锰1.07mg，硒5.78μg，维生素E 9.09mg，胡萝卜素3μg。

三、药用功效

性味：甘、平，无毒。

归经：入大肠经。

功用：平肝祛风，清湿热，消滞气。

《采药书》：通气透脓。

《福建民间草药》：治血痢。

向日葵一身是药，其种子、花盘、茎叶、茎髓、根、花等均可入药。种子油可作软膏的基础药；茎髓可作利尿消炎剂；叶与花瓣可作苦味健胃剂；果盘（花托）有降血压作用。

现代医学认为，向日葵籽实可以调节人体新陈代谢、保持血压稳定及降低血中胆固醇。可防止不饱和脂肪酸在体内过度氧化，并活化毛细血管、促进血液循环，达到抗氧化、防衰老的效果；能增强记忆力，预防癌症、抑郁症、失眠症和心血管等疾病的发生。

四、食疗作用

（1）降脂　葵花籽含脂肪油达50%以上，其中亚油酸占70%，此外，尚含有磷脂等，有良好的降脂作用，对实验性动物的急性高脂血症及慢性高胆固醇血症有预防作用。

（2）抑制血栓　葵花籽中含的亚油酸能抑制血栓的形成，对预防血栓形成是有益的。

（3）预防疾病　葵花籽中维生素 E 的含量特别丰富，可防止细胞衰老、预防成人疾病。

（4）增强记忆　葵花籽可以防止贫血，还具有治疗失眠、增强记忆力的作用，对癌症、动脉粥样硬化、高血压、冠心病、神经衰弱等病有一定的预防功效。

（5）调节人体新陈代谢　葵花籽可治泻痢、脓疱疮等疾病，可以调节人体新陈代谢、保持血压稳定及降低血中胆固醇，还可预防皮肤干裂、夜盲症。

五、栽培技术

1. 品种选择

向日葵有食用型、油用型和兼用型 3 类。

目前在我国各地推广的食用向日葵品种主要有三道眉、吉林大嗑、星火花葵、黑大片、KD204（新食葵 2 号）、杂交食葵 H1、DK119（美国）、DK188（美国）、LD9091（美国）、H658、大诚地 223、大诚地 212、美国食葵新品种 2148（2354）、美葵王一号（RH118）（美国）、RH3708（美国）、RH3148（美国）、765C（美国）、SH（长粒型）（美国）等；试验、示范、推广的油用向日葵品种主要有 K0833HO、S31、MG52、G101、S47、AGR、CF27、C17、A17、MG50、澳葵 6301、益海 17 号等。

2. 播种

（1）播种时间　3—4 月。

（2）播种方法　做垄点播，覆土约 1cm，播后 50 ~ 80d 左右开花，因品种不同各项略有差异。

（3）留苗密度　食用向日葵 667m^2 保苗 2700 株，油用向日葵 3300 株。

3. 田间管理

田间管理是为了培育健壮植株，达到优质高产的重要环节。

（1）查田补苗　为了保证全苗，必须在出苗期逐田逐行检查，发现成片成行缺苗要将种子浸泡催芽露白后，及时补种。

（2）间苗定苗　1 对真叶及早间苗，2 ~ 3 对真叶定苗

（3）中耕除草　1 ~ 2 对真叶期结合间苗、定苗，进行浅中耕 8 ~ 10cm；第二次中耕在定苗后 7 ~ 8d 进行；第三次中耕要在封行之前。

（4）追肥浇水　向日葵播种前结合整地667m^2施农家肥3000kg、氮磷钾三元复合肥30kg。当苗高20cm时，667m^2追施尿素20kg，硫酸钾10kg。从出苗至现蕾阶段，可不浇水，实行蹲苗。从现蕾到开花、乳熟期根据天气情况各浇水一次。

（5）打杈　有些向日葵品种在叶腋间长出分枝，也叫分杈，生长期间至少要打杈3次以上。打杈要“打早打小”，嫩小杈一抹就掉，省力又不伤茎叶。

4. 主要病虫害及其防治

向日葵病虫害发生率较低，主要病害为白粉病、黑斑病、细菌性叶斑病、锈病（盛行于高湿期）和茎腐病，在发病初期，可用50%甲基托布津可湿性粉剂500倍液喷洒或用等量式波尔多液防治。危害向日葵的害虫有蚜虫、盲蝽、红蜘蛛和金龟子等，可用40%氧化乐果乳油1000倍液、73%克螨特乳油1500倍液进行喷雾防治喷杀。

参考文献

[1] 张丁. 花青素与原花青素有效的纯天然抗氧化剂[J]. 科学世界，2009，(12)：28-31.

[2] 赵宇瑛，张汉锋. 花青素的研究现状及发展趋势[J]. 安徽农业科学，2005，33(5)：904-905.

[3] 刘学铭，廖森泰，肖更生等. 花青素的药理作用研究进展[J]. 中草药，2007. 增刊

[4] 韩海华，梁名志，王丽等. 花青素的研究进展及其应用[J]. 茶叶，2011，37(4)：217-220.

[5] 罗珊，赵雅宁，李建民. 原花青素的研究进展[J]. 心理医生，2011.12

[6] 海春旭. 自由基医学[M]. 西安：第四军医大学出版社，2006.12

[7] 陈瑷，周玫. 营养、衰老与自由基理论[J]. 营养学报，2005，27(3)：177-180.

[8] 王作成，曲竹秋. 中医中药对糖尿病自由基代谢的影响[J]. 天津中医，1995(5)：43-45.

[9] 唐勇，余曙光，蓝群，张卫. 针刺对老年痴呆认知功能及自由基的影响[J]. 安徽中医临床杂志，2000(6).

[10] 郑荣梁. 衰老的自由基学说[J]. 实用老年医学，1992(1)：31-33.

[11] 陈瑾，李荣亨. 衰老的自由基机制[J]. 中国老年学杂志，2004，24(7)：677-679.

[12] 桑琛，李明学. 衰老自由基学说和运动对抗自由基损伤的作用[J]. 吉林体育学院学报，2007，23(1)：80-81.

[13] 赵峰，姜亚军. 自由基与缺血性脑血管病[J]. 中西医结合心脑血管病杂志，2007，5(2)：152-153.

[14] 牛文民，李忠仁. 缺血性脑血管病自由基损伤病原学及抗氧化治疗研究进展[J]. 上海针灸杂志，2005，24(1)：43-45.

[15] 凌关庭. 天然抗氧化剂及其消除氧自由基的进展[J]. 食品工业，2000(3)：19-22.

[16] 纪康宝，王玉玲. 食色人生：食物颜色中的健康密码[M]. 青岛：青岛出版社，2008.2.

[17] 李红，刘树兴，张东升. 黑色食品保健功能的探讨[J]. 农产品

加工·学刊，2007（9）：72－73.

[18] 贺军成．烹调知识．原创版［J］．中国人的饮食养生 2011.4

[19] 周扬家．黑色食品的营养保健作用及其发展前景［J］．中国食物与营养，2010（8）：4－5.

[20] 龚发．紫色食品前景看好［J］．资源开发与市场 2003.3

[21] 李炳文，高锦凌．本草纲目彩图版［M］．天津：天津古籍出版社，2006.8

[22] 陈士铎（清）．本草新编［M］．北京：中国中医药出版社，2008.9

[23] 黄宫绣（清）．本草求真［M］．北京：中国中医药出版社，1997.3

[24] 苏颂（宋）．本草图经［M］．北京：人民卫生出版社，2011.8

[25] 李绩，苏敬（唐）．唐本草［M］．北京：群联出版社，1955.5

[26] 陈藏器（唐）．本草拾遗［M］．北京：人民卫生出版社，1955.

[27] 宁原（明）．食鉴本草［M］．北京：中国书店，1987.11

[28] 叶橘泉．本草推陈［M］．南京：中国科学院江苏分院，1960.

[29] 卢和．食物本草［M］．北京：作家出版社，2013.1

[30] 尚志钧．嘉祐本草［M］．北京：中医古籍出版社，2009.1

[31] 缪希雍．神农本草经疏［M］．太原：山西科学技术出版社，2013.1

[32] 倪朱谟（明）本草汇言［M］．北京：全国古籍整理出版社规划领导小组，2005.2

[33] 陶弘景（南朝．梁）名医别录（别录）［M］．北京：人民卫生出版社，1986.

[34] 忽思慧（元）．饮膳正要［M］．北京：中国中医药出版社，2009.1

[35] 兰茂（明）．滇南本草［M］．昆明：云南人民出版社，1959.

[36] 汪绂（清）．医林纂要探源［M］．南京：江苏书局，1897（清光绪 23 年）.

[37] 吴仪洛（清）．本草从新［M］．上海：上海启新书局，1921（中华民国 11 年）.

[38] 寇宗奭（宋）．本草衍义［M］．北京：商务印书馆，1957.

[39] 吴越（五代）．日华子本草［M］．合肥：安徽科技出版社，2005.7

[40] 甄权（唐）．药性论［M］．合肥：安徽科技出版社，2006.9

[41] 张元素，郑洪新．医学启源［M］．北京：中国中医药出版社，2007. 5

[42] 李中梓（明）．雷公炮制药性解［M］．北京：中国中医药出版社，1998.

[43] 沈金鳌（清）．要药分剂［M］．上海：上海卫生出版社，1958.

[44] 萧步丹．岭南采药录［M］．广州：广东科技出版社，2009.

[45] 裴鉴，周太炎．中国药用植物志［M］．北京：科学出版社，1958.

[46] 叶橘泉．现代实用中药［M］．上海：上海科技出版社，1956.

[47] 广东中草药选编小组．广东省中草药［M］．广州：广东中草药选编小组，1969. 10

[48] 黄征．广西中药志［M］．南宁：广西人民出版社，1959.

[49] 崔松男．朝药志［M］．延吉：延边人民出版社，1995.

[50] 养生堂膳食营养课题组．食物养生金典［M］．北京：中国轻工业出版社，2009. 1

[51] 张雪亮．五色蔬菜与养生［M］．北京：求真出版社，2010. 5

[52] 李桂凤．50 种野菜的营养价值与食疗［M］．北京：金盾出版社，2006. 11

[53] 田建华，易磊．水果蔬菜养生宝典［M］．上海：上海科学技术文献出版社，2012. 4

[54] 孔令谦．蔬菜养生堂［M］．北京：中国华侨出版社，2008. 6

[55] 中国农业科学院蔬菜花卉研究所．中国蔬菜栽培学［M］．北京：中国农业出版社，2010. 2

[56] 张振贤．蔬菜栽培学［M］．北京：中国农业大学出版社，2003. 8

[57] 李新峥，蒋燕．蔬菜栽培学［M］．北京：中国农业出版社，2006. 8

[58] 胡俊杰．特种蔬菜栽培技术［M］．北京：中国农业出版社，2009. 2

[59] 于广建，张百俊．蔬菜栽培技术［M］．北京：中国农业科技出版社，1998. 6

[60] 张天柱．名稀特野蔬菜栽培技术［M］．北京：中国轻工业出版社，2011. 7

[61] 王先位，孔萍，曹红林．“富贵菜”的栽培技术［J］．云南农业，2010（8）：10.

[62] 祖晓勤．茄子的药用价值［J］．长江蔬菜，1987（2）：44.

[63] 黄易娜，黄俊生，张明辉等．罗勒营养成分研究［J］．广东化工，

2007，34（4）：27-28.

[64] 李雅臣，李德玉，吴寿金．芋头化学成分的研究［J］．中草药，1995，26（10）：555-556.

[65] 宋曙辉，薛颖，武兴德．羽衣甘蓝的营养评价［J］．营养学报，2000（4）：358-359.

[66] 张天柱．果树高效栽培技术［M］．北京：中国轻工业出版社，2013：1

[67] 郑炳松，张启香，程龙军．蓝莓栽培实用技术［M］．杭州：浙江大学出版社，2013.4

[68] 赵卫国等．桑树种植技术［M］．北京：金盾出版社，2008.3

[69] 何金星．黑加仑种植技术［J］．中国林业，2006（13）：42.

[70] 张凤仪等．黑枣高效栽培技术问答［M］．北京：金盾出版社，2009.12

[71] 胡立勇，丁艳峰．作物栽培学［M］．北京：高等教育出版社，2008.11

[72] 王荣栋．作物栽培学［M］．北京：高等教育出版社，2005.4

[73] 王计平．谷子科学种植技术［M］．北京：中国社会出版社，2006.9

[74] 李莹等．黑豆人工栽培技术［M］．北京：金盾出版社，2011.4

[75] 马德标．紫玉米栽培［J］．云南农业科技．2002（2）：25-26.

[76] 胡秋辉，陈历程，吴莉莉等．黑小麦营养成分分析及其深加工制品前景展望［J］．食品科学，2001，22（12）：50-52.

[77] 詹志红．花生高产栽培技术［M］．北京：金盾出版社，2008.2

[78] 史振声，贾森．紫玉米不同组配方式的花青素含量及产量比较［J］．种子，2012，31（7）：13-17.

紫叶生菜

紫色苋菜

紫油菜

紫茎芹菜

紫背天葵

紫色乌塌菜

紫罗勒

紫苏

紫薄荷

莙达菜（红梗叶甜菜）

酢浆草

紫甘蓝

紫苤蓝

紫色羽衣甘蓝

紫色花椰菜

结球紫菊苣

紫芦笋

紫菜薹

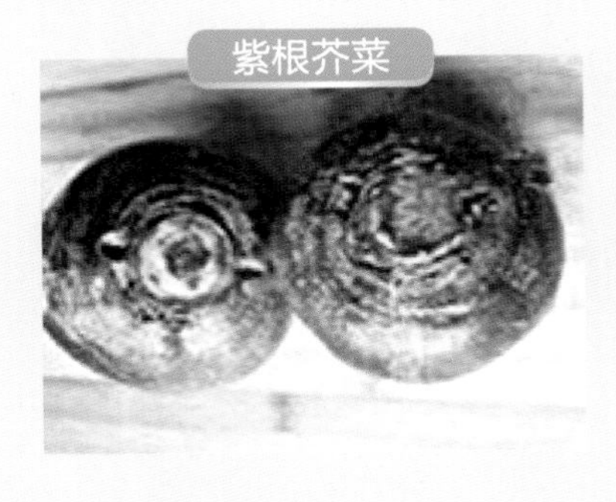

紫根芥菜

紫心大萝卜

紫色胡萝卜

紫色洋葱

紫皮大蒜

紫土豆

紫地瓜

紫山药

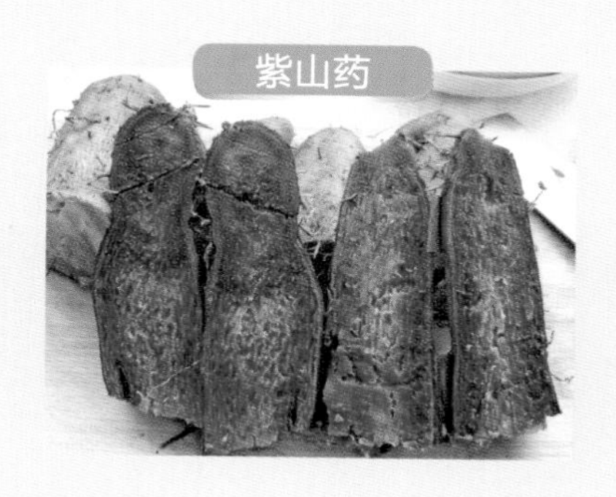

紫根甜菜

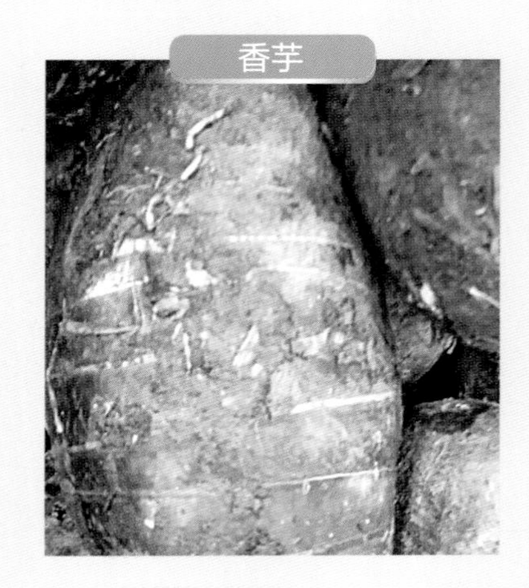

香芋

荸荠

紫菜豆

紫豇豆

紫眉豆

紫番茄

紫茄

紫椒

紫秋葵

紫色人参果

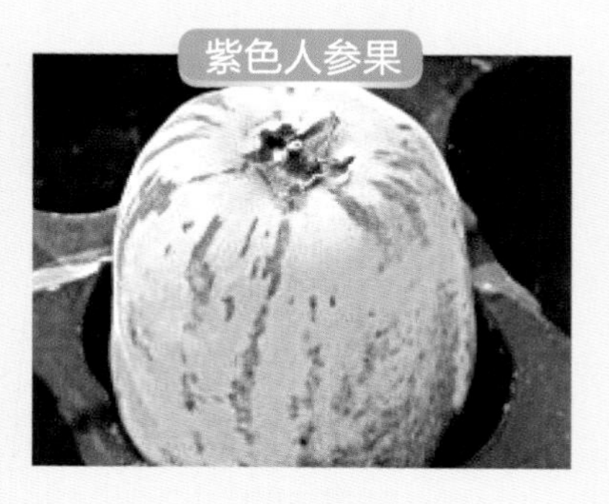

紫葡萄

桑葚

黑加仑

蓝莓

黑枣

李子

紫大米

紫玉米

黑小米
黑小麦
紫芸豆
荞麦
黑花生
黑豆
黑芝麻
向日葵籽